MY mama 手作工房
エムワイ♦ママ

×

COTTON FRIEND

U0051900

うこ小姐設計　PEETAG（熱轉印貼紙）& BIG TAG應用提案

PEETAG 是什麼？　是網路人氣手藝店MY mama的明星商品。只要以剪刀剪下喜歡的徽章圖標，放在想要黏貼的位置上，以熨斗壓燙，即可在布面輕鬆加上時髦標誌的熱轉印貼紙。本次企劃使用了布物作家くぼでらようこ的設計款PEETAG，你也可以自由購買＆挑選喜歡的款式使用喔！

MY mama 手作工房 エムワイ＋ママ × COTTON FRIEND

加上一個步驟就截然不同

布小物，
質感升級
大作戰！

網路人氣手藝店MY mama推薦妙招：將一般的
布小物進行簡單添飾，就能提升質感氛圍。

攝影＝回里純子 造型＝西森 萌
妝髮＝タニジュンコ 模特兒＝KAKAZU

No.01

ITEM｜水桶包
作 法｜P.70

總讓人誤以為是縫上布口袋的籐提
籃，其實是以印有藤籃圖案的牛津布
縫製的橢圓底布包，並加上PEETAG
作為點綴。附有蓋布，內容物不會外
露，也令人格外放心。

表布＝牛津布～小小仿提籃（h-3020my-
a24）MY mama
Gara紡＝提把芯6mm（BM02-07）／清原株
式會社

No.02

ITEM｜隨身面紙套波奇包
作 法｜P.72

拉鍊波奇包是容易凌亂的大包包內袋
救星。可收納唇膏、眼藥水或乾洗手
等零散小物，外側還附有方便迅速取
放的面紙套。

配布＝長纖絲光細棉布 by Liberty Fabric
（Juniper 3636259・ZE）株式會社Liberty
Japan

PEETAG 是什麼？

是MY mama獨創的熱轉印貼紙。只需剪下喜愛的標籤，放置於布料上，以熨斗加熱約10秒，就能夠完成如市售印刷質感的夢幻貼紙。

VOICE 企劃單元使用的PEETAG設計者。No.01至No.05創作NOTE！

將最愛的花卉圖案結合法文、德文標語，設計出讓人覺得「如果有這個就好了」的標誌。只要貼上PEETAG，作品氛圍完全不同喔！

くぼでらようこ小姐_布物作家 @ @dekobokoubou

質感升級好點子！
PEETAG
應用

No. **03** ITEM ｜餐墊三件組
作 法 ｜ P.73

能輕鬆使用在午茶時間等場合的餐墊。在收納餐墊專用的布包上，也以PEETAG印上標誌，打造出一體感。

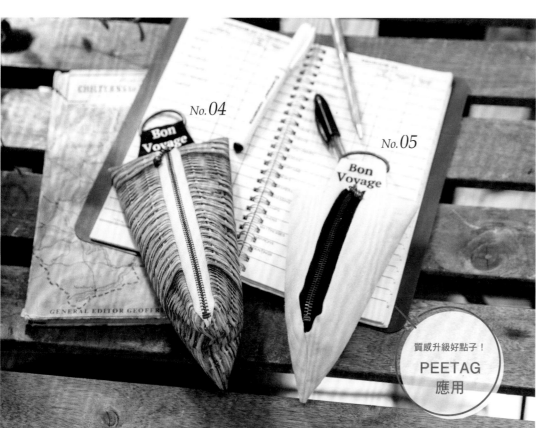

No. 04

No. 05

質感升級好點子！
PEETAG
應用

No. **04·05**

ITEM ｜三角收納包
作 法 ｜ P.74

細長三角粽形的拉鍊收納包，外觀獨特又有趣。布標上的PEETAG 轉印文字，是重點裝飾。

No.04・表布＝牛津布～小小仿提籃（h-3020my-a24）MY mama
No.04・05 通用D型環＝D型環30mm（SUN10-103・AG）／清原株式會社

VOICE No.06至No.10創作NOTE！

為了與最愛的Liberty印花布所製作的布小物相稱，精挑細選了具有高級感的標牌。標牌的有無會造成很大的差距，請愉快地搭配吧！

本橋よしえ小姐_手藝作家
@yoshiemontan

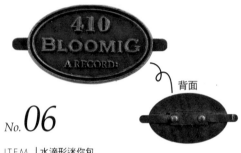

背面

No. **06**

ITEM｜水滴形迷你包
作　法｜P.75

因為想要一個只裝手機及錢包等隨身小物的漂亮布包，就自己動手作了！也很推薦掛在S鉤上，存放環保購物袋或塑膠袋。

表布＝11號帆布by Liberty Fabric（Love Pop／21-3631102・21A）株式會社Liberty Japan
裡布＝11號帆布smoky color（KR-73・Navy）
標牌＝插入式金屬標牌（97174・AG）／MY mama

質感升級好點子！
金屬標牌

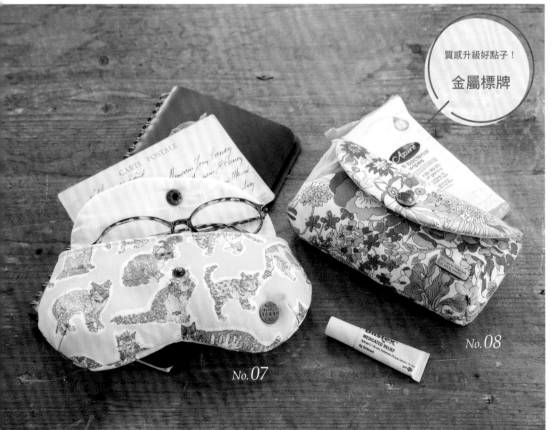

質感升級好點子！
金屬標牌

No.08

No.07

No. **07**　ITEM｜山形眼鏡波奇包
　　　　作　法｜P.80

略大的尺寸形狀，是墨鏡也OK的推薦設計。金屬標牌讓高級感UP！

表布＝11號帆布 by Liberty Fabric（Willoughby Mews／36301121L200-J21C）裡布＝素色長纖絲光細棉布 by Liberty Fabric（C6070-SBL）株式會社Liberty Japan 四合釦＝造型四合釦（1411-8・線卷）標牌＝插入式金屬標牌（97170•antique gold）／MY mama

No. **08**　ITEM｜眼鏡波奇包
　　　　作　法｜P.80

裡布燙貼單膠鋪棉，使內裡蓬鬆柔軟；與本體之間再放入裁剪的資料夾，就能維持漂亮的形狀。

表布＝11號帆布 by Liberty Fabric（sixty／08-3638177S J21A）裡布＝素色長纖絲光細棉布 by Liberty Fabric（C6070-3）／株式會社Liberty Japan 四合釦＝造型四合釦（1411-7・pop machine）標牌＝插入式金屬標牌（97172・antique gold）／MY mama

質感升級好點子！
布標

No.09

No.10

質感升級好點子！
真皮皮標

No. **09**　ITEM｜寶特瓶套
作 法｜P.76

內部有保溫保冷層的寶特瓶套。若更換成較長的提把，肩背使用也很棒。

表布＝11號帆布 by Liberty Fabric（Cape Vista／21-3631132・21B）株式會社Liberty Japan 裡布＝保溫保冷彩色布墊 絎縫（39-11・white）／Clover株式會社 配布＝亞麻混紡（82610・salmon pink）提把＝深棕色附問號鉤D型環真皮提把（1610・opera pink）布標＝english pop tag（55095）／MY mama

No. **10**　ITEM｜保冷便當袋
作 法｜P.77

為了避免在便利商店加熱好的便當或外帶的餐盒冷掉，加入保溫保冷層特製的提袋。盛裝冰涼的罐裝飲料也很適合。

表布＝11號帆布 by Liberty Fabric（Cape Vista／213631132・21B）株式會社Liberty Japan 裡布＝保溫保冷彩色布墊 絎縫（39-11・white）／Clover株式會社 配布＝亞麻混紡（82610・salmon pink）布標＝真皮法式布標（31096・caramel）四合釦＝pop machine（1411-7）／MY mama 布用強力膠＝黏貼工作（58-444）／Clover株式會社

No. **11**

ITEM｜餐具收納巾
作 法｜P.71

隨身攜帶自己專用的筷子、叉子＆湯匙的人越來越多了。這款只需展開就能迅速變身成餐墊的設計，是用餐時光的良伴好物。

表布＝長纖絲光細棉布 by Liberty Fabric（Strawberry Thief／3635061・YE）／株式會社Liberty Japan

$No.12$　ITEM｜口金布書套
作法｜P.78

可置入文庫本的口金書套，加上大布標作為裝飾。
也可當成親子手冊或用藥手冊的收納包。

表布＝長纖絲光細棉布 by Liberty Fabric（Josephine's
Garden／3633181・BE）／株式會社Liberty Japan 口金
＝手冊用　口金　約17.5cm（1813-3・antique gold）／MY
mama

質感升級好點子！
大布標
（BIG TAG）

$No.13$　ITEM｜雙口袋口罩波奇包
作法｜P.81

$No.14$　ITEM｜拉鍊卡片包
作法｜P.81

使用防水布料，製作了兩種尺寸的風琴褶收納
包。袋口加上壓釦五金，開闔容易也是讓人開心
的重點。

13・表布＝霧面防水布 by Liberty Fabric（Felda／R21-
3631116-ZZD・Blue）
壓釦＝輕鬆裝塑膠壓釦13mm（1513-19・Navy）／MY
mama
14・表布＝霧面防水布 by Liberty Fabric（Felda／R21-
3631116-ZZD・Pink）
壓釦＝輕鬆裝塑膠壓釦13mm（1513-22・Natural）／MY
mama

$No.13$

$No.14$

https://www.rakuten.ne.jp/gold/auc-my-mama/

擇你所想！

MY mama　手作工房
──エムワイ◆ママ──

喜愛手作的負責人＆員工，特蒐了各種讓人覺得
「如果有這種東西該有多好」的商品，所開設的網
路手藝店。若是喜愛手藝製作的人，一定會對品項
齊全的各種貼心商品感激不已。

Summer Edition
2021 vol.53

CONTENTS

封面攝影 回里純子
藝術指導 みうらしゅう子

戀夏手作祭！

作品 INDEX

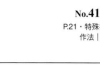

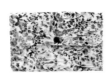

No.43・44・45
P.22・支架口金波奇包
作法｜P.101

No.29
P.16・口罩套
作法｜P.94

No.22
P.14・隨身面紙套波奇包
作法｜P.89

No.19
P.13・眼鏡收納袋
作法｜P.85

No.18
P.12・文件夾
作法｜P.87

OTHER

62

63

No.03
P.05・餐墊三件組
作法｜P.73

No.65
P.57・蔬果保存袋
作法｜P.93

No.62・63
P.54・信封型波奇包
（62：星星／63：兔子）
作法｜P.55・56

No.57
P.47・水滴波奇包
作法｜P.106

No.50
P.28・栗子束口袋
作法｜P.31

No.49
P.28・附側身束口包
作法｜P.29

No.27
P.16・波克派帽
作法｜P.92

No.24
P.14・肩背帶
作法｜P.82

No.23
P.14・平頂帽
作法｜P.86

No.21
P.14・壁掛收納袋
作法｜P.88

No.16
P.12・扣帶鑰匙圈
作法｜P.82

No.15
P.12・雲朵杯墊
作法｜P.79

No.11
P.07・餐具收納巾
作法｜P.71

No.55
P.43・黑尾鷗
作法｜P.43・45

No.54
P.42・提燈（黃）
作法｜P.43・44

No.53
P.42・提燈（紅）
作法｜P.43・44

No.52
P.37・網干手鞠
（漸層色）
作法｜P.73

No.51
P.37・網干手鞠
（ecru）
作法｜P.73

No.32
P.17・針織口罩
作法｜P.17

No.28
P.16・頭巾口罩
作法｜P.97

CLOTHES

No.66
P.58・V領套衫
作法｜P.103

No.64
P.57・針褶圍裙
作法｜P.112

No.61
P.50・海獺君
作法｜P.50

No.59
P.47・公主娃娃
作法｜P.108

No.58
P.47・青蛙眼罩
作法｜P.107

No.56
P.43・海鷗
作法｜P.43・45

No.16　*No.15*

No.18　*No.17*

No. **18**

ITEM｜文件夾
作　法｜P.87

是能夠收納A4文件的尺寸。除了在夾層裡置入塑膠板，以避免內容物凹摺；也在裡布黏貼接著襯，使文件取放都順暢。

表布＝10號石蠟棉布 海洋圖案 by Navy Blue Closet×富士金梅®（Navy）／富士金梅®（川島商事株式會社） 裡布＝高密度格紋軋別丁（Black Watch） 接著襯＝接著襯 硬（網紋式）／Lidee 磁釦＝薄型磁釦14mm（SUN14-106・AG）／清原株式會社 塑膠板＝包包・帽子用塑膠板1.5mm厚（57-359・黑）／Clover株式會社

No. **17**

ITEM｜鞋袋
作　法｜P.83

男女皆適用的軍事風格鞋袋。本體縫份使用袋縫處理，即使一整片縫製也能俐落地完成。並在最後從外側車縫壓線，加強四角袋型。

表布＝11號帆布（#5000-19・OD）／富士金梅®（川島商事株式會社）

No. **16**

ITEM｜扣帶鑰匙圈
作　法｜P.82

選用可瞬間吸引目光的活力番茄紅帆布×雙面使用OK的圓形按釦，製作成可拆式扣帶鑰匙圈。掛在包包提把等位置，就不會淹沒在包包之中，非常方便。

表布＝11號55color帆布（46・Tomato red）／Lidee D型環＝D型環25mm（SUN10-102・AG） 鈕釦＝圓形按釦15mm（SUN18-53・AG）／清原株式會社

No. **15**

ITEM｜雲朵杯墊
作　法｜P.79

一眼就能聯想到，鳥兒在湛藍晴朗的夏空雲朵之上愉快飛翔的杯墊。藉由加大曲線幅度呈現出蓬鬆感，完成可愛的作品。

表布＝棉厚織79號Bird圖案 by Navy Blue Closet×富士金梅 裡布＝條紋亞麻帆布 pallet系列 by Navy Blue Closet×倉敷帆布（漂白X Navy）／倉敷帆布株式會社

攝影＝回里純子　造型＝西森萌　妝髮＝タニジュンコ　模特兒＝KAKAZU

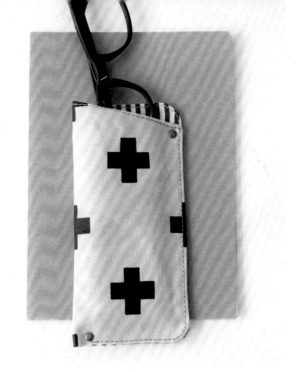

$No.20$　ITEM｜帆布拼布包
　　　　作　法｜P.84

活用帆布零碼布的扁平包。使用了在布邊加
入紅色線條的條紋亞麻帆布所製作的口袋，
巧妙地作出一大亮點。

表布A＝11號帆布（#5000-2·米白色）
表布B＝11號帆布（#5000-5·淺黃色）
表布C＝11號帆布（#5000-24·ice grey）
裡布＝棉厚織79號（#3300-9·silver
grey）／富士金梅®（川島商事株式會社）
表布D＝條紋亞麻帆布pallet系列 by Navy
Blue Closet×倉敷帆布（漂白×beige）／
倉敷帆布株式會社

$No.19$　ITEM｜眼鏡收納袋
　　　　作　法｜P.85

不管是自用或當成贈禮，都讓人開心的
眼鏡收納袋。鉚釘是簡約設計中的視覺
裝飾細節。

表布＝10號石蠟棉布 十字架圖
案 by Navy Blue Closet×富士
金梅®（beige／黑）／ Lidee
鉚釘＝雙面鉚釘 小（SUN11-
134·antique gold）／清原株
式會社

雙面鉚釘的安裝方式

鉚釘是以補強或裝飾為目的進行安裝的圓形金屬配件。在此安裝兩面皆為正面的雙面鉚釘。

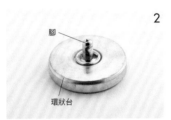

2

鉚釘底釘面朝下，放置於環狀台上。

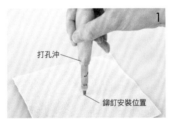

1

以打孔沖等工具，在鉚釘安裝位置打洞。

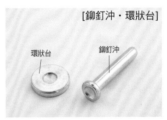

[鉚釘沖·環狀台]

依鉚釘面的大小，準備鉚釘沖&環狀台。

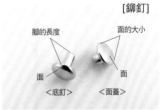

[鉚釘]

面的大小&腳的長度有許多規格。面的大
小可依喜好決定，腳的長度則須依安裝位
置的厚度進行撰擇（安裝位置的厚度＋約
3mm）。

6

腳插入面蓋最深處。

5

將面蓋套入腳。

4

讓腳從洞中穿出。

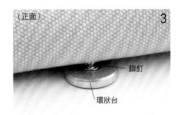

（正面）　**3**

將步驟1打洞的布料正面朝下放置，使鉚
釘腳穿入洞中。

9

將腳打扁，鉚釘不會轉動就完成了！

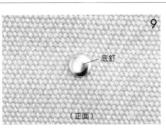

以木槌垂直敲打鉚釘沖。

8

7

將面對準鉚釘沖的凹洞。

No.22　　*No.21*

No.24

No.23

No.24

ITEM｜肩背帶
作 法｜P.82

備有一條就很方便的肩背帶。雖然常以帆布製作，但若直接使用疊緣，只要剪下喜好的長度＆車縫即完成，比起須從布料開始裁剪＆處理收邊的作法更為簡單。挑選喜愛的花樣＆顏色作作看吧！

疊緣＝ran（121・bluegray）／FLAT（高田織物株式會社）　問號鉤＝問號鉤20mm（SUN13-52・AG）　日型環＝日型環20mm（SUN13-131・AG）／清原株式會社

No.23

ITEM｜平頂帽
作 法｜P.86

柔韌又有挺度的疊緣，最適合作為帽子飾帶。在此特選的簡約藍色直條紋款，推薦各個年齡世代都適用喔！夏日外出絕對百搭的平頂帽，由於帽緣內縫有手藝塑型線，可維持漂亮的帽簷造型。

表布＝棉麻帆布（light gray）　疊緣＝條紋10（青×白）／FLAT（高田織物株式會社）接著襯＝接著襯硬（網紋狀）　帽子止汗帶＝帽子用止汗帶寬3cm（黑）／Lidee　手藝線材＝自由曲線素材・塑膠條1.3mm（39-245）／Clover株式會社

No.22

ITEM｜隨身面紙套波奇包
作 法｜P.89

疊緣花樣是今年的新圖案cow（牛）！隨身面紙套×波奇包的二合一設計，加上40cm的長提繩，可纏繞在包包提把上懸掛使用，十分方便。

疊緣＝cow（01・黑×白）／FLAT（高田織物株式會社）

No.21

ITEM｜壁掛收納袋
作 法｜P.88

從色彩種類豐富的疊緣中選擇了清爽的夏季色彩條紋，將堅固又好車縫的疊緣，製成壁掛收納袋。口袋的褶襉設計，不僅方便取放內容物，也提升了收納容量。

表布＝11號帆布（#5000-1・生成）／富士金梅®（川島商事株式會社）　疊緣＝粉彩條紋（03・yellow）　粉彩條紋（05・gray）／FLAT（高田織物株式會社）　雞眼釦＝單面雞眼釦內徑約10mm（SUN11-199・AG）／清原株式會社

No. **25**

ITEM ｜水筒托特包
作 法｜P.90

貼上接著襯後，11號帆布也能筆
挺有型，作出具有穩定感的圓底
托特包。本體選擇的橄欖綠11號
帆布，形成了抑制圓點疊緣甜美
感的中和調色。底部的十字形疊
緣配置，則是兼具設計感＆補強
機能的巧思。

表布＝11號帆布（#5000-19・OD）／富士
金梅®（川島商事株式會社） 疊緣＝polkaⅡ
（No.15）／FLAT（高田織物株式會社）接著
襯＝接著襯布 織芯式（SUN50-38）／清原株
式會社

疊緣是？

──── 疊緣的種類（部分） ────

正面

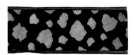
背面

[圖案（雙面可用）]
時尚的乳牛圖案疊緣。是兩面皆可運用的
雙面式花紋。

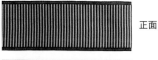
正面

背面

[條紋]
具有光澤的條紋圖案疊緣。質感柔軟。雖
有正反面之分，但也因此可應用於不同的
設計變化。

正面

背面

[素色]
棉×麻的自然素材編織而成，質感柔軟的
疊緣。由於正反面幾乎相同，因此可依喜
好決定要將哪面當成正面。

── 疊緣的特色 ──

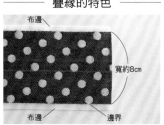

布邊
寬約8cm
布邊 邊界

以合成纖維製作，寬約8cm的織帶。兩側
為布邊。

疊緣手作的重點

疏縫固定夾

[疏縫固定夾／Clover（株）]
當布料過厚，珠針難以穿刺時，使用疏縫
固定夾更方便。

[車針 車線]
使用一般布用的11號車針×60號車線。當疊緣重疊變厚時，
則使用厚布用14號車針×30號車線。

── 疊緣的用法 ──

● 由於不耐熱，因此不可使用熨
斗。
● 不可洗滌。
須避免使用洗衣機清洗，若有
髒汙，請以清潔布吸附中性
洗潔劑後儘量擰乾，再進行擦
拭。
● 由於容易產生褶痕，請以捲收
的方式保存。

──── 摺痕的作法 ────

3

再以滾輪骨筆加強壓摺。滾輪骨筆也可用
於展開縫份。

[滾輪骨筆／Clover（株）]
可不傷布料，以輕微的力道完成摺疊。

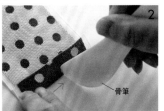
2
骨筆

沿線摺疊，以骨筆輕刮，作出褶痕。

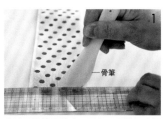
1
骨筆

由於不能使用熨斗，因此以骨筆作出摺
痕。在摺疊位置以骨筆畫線。

No. 27

No. 26

No. 29

No. 28

No. 29

ITEM｜口罩套
作　法｜P.94

暫時放置口罩＆收納備用口罩，可簡單製作的口罩夾你覺得如何呢？以塑膠布作為裡布，弄髒也能迅速擦拭乾淨。

表布＝Liberty Fabrics（Puff／3633176-J16G）／株式會社Liberty Japan

No. 28

ITEM｜頭巾口罩
作　法｜P.97

在酷暑時慢跑或從事園藝工作時，戴一般的口罩不好呼吸，非常不方便對吧？若是這款頭巾口罩，不僅可防止脖子曬傷，也兼具口罩的作用。

表布＝Liberty Fabrics（Morning Dew／3636153Z）／株式會社Liberty Japan

No. 27

ITEM｜波克派帽 pork pie hat
作　法｜P.92

因造型近似英國知名料理豬肉派而得名。洋溢著中性感的帽子。女性建議稍微後傾配戴，男性則推薦戴得較深。

No. 26

ITEM｜棉繩提把托特包
作　法｜P.91

以棉繩×條紋帆布的托特包組合，宣告夏天來了！橢圓形包底使袋體可穩定自立，且收納力也很優秀。縫合固定於脇邊的側標籤，則是別緻的小點綴。

表布＝10號亞麻直條紋帆布by Navy Blue Closet（紅布邊×深藍×漂白）／倉敷帆布
布標＝布標BIG TAG（Navy）

No.27 布作家…mameco小姐｜ @mameco_mami

No.28 布作家…加藤容子小姐｜ @yokokatope

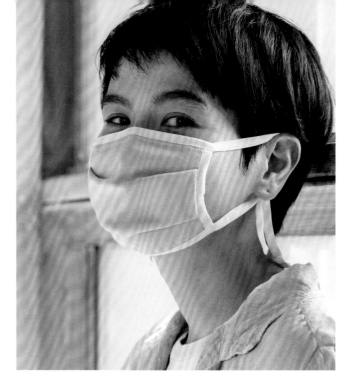

No.32
ITEM | 針織口罩
作 法 | P.17

使用了以對摺狀態進行販售的「彈性口罩織帶」，由於織帶本身已有褶痕，包夾本體車縫不易扭曲，易於縫製的優點相當方便。

織帶＝彈性口罩織帶Light 對摺薄款（Hm10-4・米白色）
日型環＝Adjuster parts 日型環8mm（SGM-F8 10個入）／日本紐釦貿易株式會社

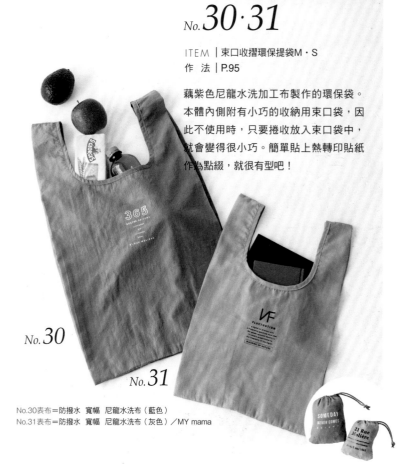

No.30·31

ITEM | 束口收摺環保提袋M・S
作 法 | P.95

藕紫色尼龍水洗加工布製作的環保袋。本體內側附有小巧的收納用束口袋，因此不使用時，只要捲收放入束口袋中，就會變得很小巧。簡單貼上熱轉印貼紙作為點綴，就很有型吧！

No.30
No.31

No.30表布＝防撥水 寬幅 尼龍水洗布（藍色）
No.31表布＝防撥水 寬幅 尼龍水洗布（灰色）／MY mama

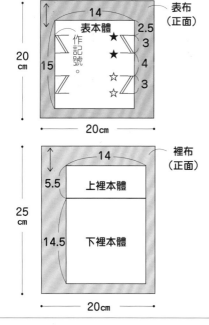

No.32 針織口罩的作法

材料：表布（smooth knit）20cm×20cm、裡布（紗布）20cm×25cm、彈性口罩織帶 寬2cm 160cm、
　　　鼻樑壓條 寬0.5cm 7cm、日型環8mm 2個
尺寸：寬14×高9cm（繩子部分23cm）

原寸紙型 | 無

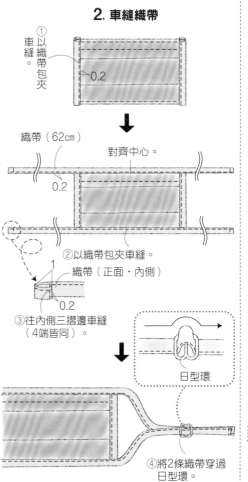

2. 車縫織帶

①以織帶包夾車縫。
0.2

織帶（62cm）
對齊中心。
0.2

②以織帶包夾車縫。
織帶（正面・內側）
1
0.2
③往內側三摺邊車縫（4端皆同）。

日型環

④將2條織帶穿過日型環。
※另一側也以相同方式穿入。

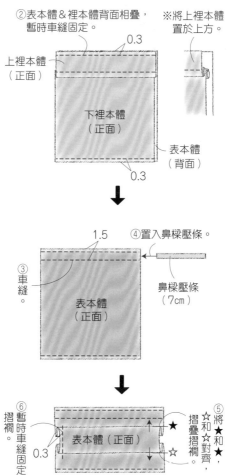

②表本體＆裡本體背面相疊，暫時車縫固定。
0.3
上裡本體（正面）

※將上裡本體置於上方。

下裡本體（正面）

表本體（背面）
0.3

1.5
③車縫。
表本體（正面）

④置入鼻樑壓條。
鼻樑壓條（7cm）

⑥暫時車縫固定
摺襉
0.3
表本體（正面）
⑤將★和☆對齊，摺疊摺襉

裁布圖

※標示尺寸已含縫份。

表布（正面）
14
表本體
作記號。
20cm
15
2.5
3
4
3
20cm

裡布（正面）
14
上裡本體
5.5
25cm
下裡本體
14.5
20cm

1. 製作本體

①依1cm→1cm寬度三摺邊車縫。

0.2
下裡本體（背面）

※上裡本體也以相同方式車縫。

story

EDINGBURGH WEAVERS

來自英國西北部主要都市，曼徹斯特郊外的城市博登，最高級的布料製造商 EDINGBURGH WEAVERS。以現代美術風格的美麗布料為設計主線，是世界各國5星級飯店的愛用布品。

質感升級的
鎌倉SWANY包

由人氣布料店鎌倉SWANY推薦，精選最高品質布料製作的多款布包，為你介紹材料、設計、作法都極講究的自信之作。

No. 33

No. 33 至 35

ITEM｜支架口金波士頓包
作　法｜P.96

以人字織紋的優雅寬條紋布料，吸引眾人的目光吧！由於是裝入支架口金的拉鍊款，可大幅展開袋口是其特點。真皮提把＆拉鍊尾片的搭配，更是襯托優質布料的加分亮點。

No. 34

No. 35

No. 36·37

ITEM｜球型鋁管口金包
作　法｜P.98

以高級感的植物圖案刺繡布為視覺主
布，並縫上皮革提把。帶有13cm寬幅
的側身，內容量相當充足。鋁管口金
的包口設計，讓不擅於車縫拉鍊的人
也能愉快製作。

No. 36

No. 37

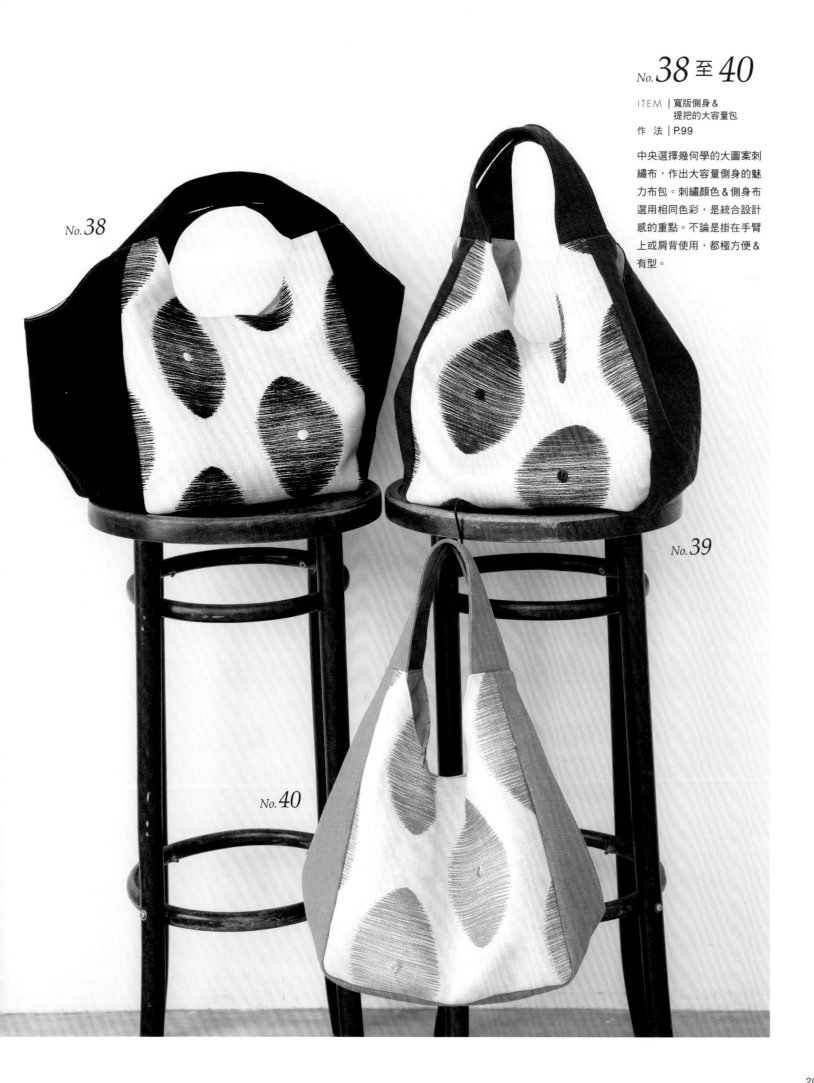

No.38 至 40

ITEM｜寬版側身 &
　　　　 提把的大容量包
作　法｜P.99

中央選擇幾何學的大圖案刺
繡布，作出大容量側身的魅
力布包。刺繡顏色 & 側身布
選用相同色彩，是統合設計
感的重點。不論是掛在手臂
上或肩背使用，都極方便 &
有型。

No. 41·42

ITEM｜特殊提把托特包
作　法｜P.100

在四角形托特包的袋口直接
縫上提把，作出手提時可改
變袋型輪廓的設計。簡約的
刺繡帶出了時尚好品味，微
微露出的裡布＆提把顏色也
與刺繡相呼應，使整體更有
一致性。

No. 41

No. 42

*No.*43

*No.*44

*No.*45

*No.*43 至 45

ITEM │ 支架口金波奇包
作 法 │ P.101

以豐盈的布料縫製而成，放在
大包內也能發揮特有存在感的
波奇包。由於內有支架口金，
因此波奇包的開口能大大敞
開，方便取放內容物。

創作家Kurai Miyoha的連載單元「Simple is Best！簡約就是最好！」
將陸續提出以Miyoha的視角來看，
可稱得上「這就是最好」的作法、素材及工具。
第5回中，將使用正倍受矚目的夏季素材 Tarpee Cloth。

Kurai Miyoha

簡約就是最好！

Simple is Best!

攝影＝回里純子　造型＝西森 萌

profile

Kurai Miyoha

畢業於文化學園大學。在裁縫設計師
母親Kurai Muki的帶領之下，自幼就
非常熟悉裁縫世界。畢業後，作為
「KURAI・MUKI・ATRLIER」（倉井美
由紀工作室）的成員開始活動。貫徹
KURAI・MUKI流派「輕鬆縫製，享受
時尚」的縫製精神，並作為母親的好
幫手擔任縫紉教室講師、版型師、創
作家，過著充實忙碌的日子。
https://shop-kurai-muki.
ocnk.net/
kurai_muki

織帶、插釦、問號鉤，
皆選用寬25mm的尺寸。
與PP材質的素材也可達成極佳的適配性。

摺疊主袋體，
收入波奇包中，
隨身攜帶也很輕便。

ITEM | 附波奇包的
No. 46 Tarpee Cloth托特包
作 法 | P.102

具耐水性，輕巧又堅固的Tarpee Cloth是
目前正大受矚目的素材；雖然名字聽起來
陌生，但若說到它是野餐墊的材質，應該
不少人立刻就有恍然大悟之感。在此推薦
作成實用百搭的夏季托特包。

表布＝Tarpee Cloth（BS3000・W）
織帶＝尼龍織帶25mm（TPN25-L・黑）
插釦＝塑膠插釦25mm（SUN12-43・黑）
問號鉤＝塑膠問號鉤25mm（SUN16-56）／
清原株式會社

攝影＝回里純子　造型＝西森萌　妝髮＝タニジャンコ　模特兒＝KAKAZU

No.47

No.48

BAG with my favorite STORY

赤峰清香的布包物語

以閱讀及欣賞電影作為興趣，並用以轉換心情緒的布包作家赤峰清香老師，將在每一期伴隨感想文，向大家介紹想要推薦的書籍或電影，並製作取其內容為創作意向的設計包款。請跟著「布包物語」的企劃單元，進一步了解布包作家的創作背景小故事（靈感書）吧！

No. 47·48

ITEM｜四股辮提把托特包
M（No.47）・S（No.48）

作法｜P.104

側身寬闊，具穩定性的提籃包，是不分世代的人氣包款。蓋布選用威廉莫里斯設計的印花布料Best of Morris典藏系列之中，最受歡迎的Strawberry Thief（草莓賊）。手持四股辮編提把時，可直接感受到手作的溫度。

表布＝先染亞麻帆布（#8500-1・生成）
裡布＝棉厚織79號（#3300-27・黑）／富士金梅®（川島商事株式會社）
配布＝平織布 by Best of Morris（33490-20）／Moda Japan
接著襯＝織芯式（SUN50-38）／清原株式會社

中公 classics 出版　※僅發行電子書

《ユートピアだより》威廉莫里斯著 五島茂、飯塚一郎譯

モリス
ユートピアだより

CHUKOCLASSICS

五島 茂 訳
飯塚一郎

※中譯：《烏有鄉訊息》

在因日常的波瀾與動盪感到不安的如今⋯⋯

隨著兩個孩子漸漸長大，我慢慢地擁有了屬於自己的時間。也因為增加了每天做菜、閱讀及找尋嗜好的時間，而稍微開始意識到生活用道的美感。在這樣的狀況之下，我讀到了威廉莫里斯的《ユートピアだより》。

我所知的威廉莫里斯，僅是設計師的那一面；是將樹木花草化作圖案，創造出無數名作，是有著明確的概念，擁有獨特世界觀的設計師。然而，莫里斯同時也是思想家、小說家、詩人。莫里斯的理想，是能在生活中追求美感、在工作中發現喜悅的社會。

《ユートピアだより》將自然描寫得美不勝收，其中最令我印象深刻的是描述泰晤士河的場景。悠閒恬靜，自然豐饒的世界盡收眼底，並從日常生活及工作的視角描繪著眾人的善良姿態。我想對於莫里斯來說這正是理想的社會。姑且先不去思考在現今的世道中，那樣的社會是否可行；我所想到的是，莫里斯的烏有鄉中難道沒有爭執與危機嗎？

從這本《ユートピアだより》所聯想的是提籃包。提把使用細緻的四股辮織，增添手工藝的溫度。並且為了襯托莫里斯的布料，盡量讓配色與設計簡單化。這是為了向超越時代廣受喜愛的設計，以及從精緻工藝產生藝術性的莫里斯精神致敬，而特別成形體化的印包。

四股辮提把托特包

袋口
三角形蓋布

棉厚織79號
四股辮提把
（黑色）

★有裡布、內口袋
棉厚織79號
★圓圈內的數字為
小尺寸。

厚亞麻布（米色）

※黏貼接著襯，使其更堅固！！

23 cm ⑯

14 cm ⑬　32cm ㉓

Ø=3.5cm
圓角

底

棉厚織79號（黑色）

profile　**赤峰清香**

文化女子大學服裝學科畢業。於VOGUE學園東京＆橫濱校以講師的身分活動。近期著作《仕立て方が身に付く手作りバッグ練習帖（暫譯：學習縫製方法 手作包練習帖》Boutique社出版，內附能直接剪下使用的原寸紙型，因豐富的步驟圖解讓人容易理解而大受好評。

http://www.akamine-sayaka.com/
@sayakaakaminestyle

口金包的學習大小事，就讀這一本！

日本人氣口金包手作研究家——越膳夕香，經常以出版的口金包書為教材，並為讀者解惑，其中最多人詢問的都是口金包的紙型尺寸修改，本書作者特別整理成實用的紙型打版教科書，讓您能夠自由且簡單的運用所學，作出符合需要版型的各式口金包！

越膳夕香老師自基礎的口金介紹、認識口金、挑選口金開始，並深入教學配合口金製作紙型的方法，以及運用手上自有的口金，修改紙型使其能夠吻合，作出實用且耐用的口金包，您可以先行構思想要的尺寸、容量大小、包款形狀等，再搭配夕香老師的製圖方法，自行設計出專屬的口金紙型，作出量身定造的個人風格口金袋物，無論是小尺寸的基本款、有造型的側身款或作成較大的隨身手袋，應用自行繪製的紙型，就能作出與眾不同的口金作品，擁有各式各樣的口金包，你也一定能夠作得到！

本書附錄紙型貼心加上了製圖用的方格紙，讓想要自學繪製基本版型設計的初學者也能快速上手，一起踏入無限創造的口金包手作世界吧！

紙型貼心附錄

製圖用方格紙，
初學者也能快速上手喲！

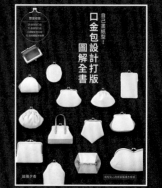

自己畫紙型！
口金包設計打版圖解全書
越膳夕香◎著
平裝 88 頁／19cm×26cm／彩色
定價 480 元

本書豐富收錄

28款
方型口金

15款
圓型口金

8款
變化型口金

15款
附屬配件教學

No.49 ITEM｜附側身束口包
作 法｜P.29

以5cm側身創造穩定性的一片式車縫束口包。作為便當袋使用正合適。

表布＝Liberty Fabrics牛津布（Sleeping Rose／117-01-209-002）／Yuzawaya

No.50 ITEM｜栗子束口袋
作 法｜P.31

袋型如栗子般，圓蓬蓬無側身的束口包。這作品設計含接縫裡布，縫份布邊無須拷克處理。附有外口袋。

表布＝Liberty Fabrics（Clementina／3639034・AE）／株式會社Liberty Japan

Handmade Lesson

從製作中學習
手作基礎的基礎

不論是想從零開始學縫紉，或至今都是以自己的方式製作的自學者，在此透過簡單的束口袋製作，學習能漂亮縫製的手作基礎如何呢？

No.50

No.49

備妥 基本工具

※ Clover 株式會社…⊠

方格尺

帶有方格刻度的尺。不論畫直角或測量縫份，都非常容易＆方便。30cm的直尺適合製作小物，製作布包或洋裁時使用50cm長尺較為便利。

書寫用具

自動筆（鉛筆）、橡皮擦，描紙型時使用。

布鎮

描紙型＆剪布時，避免移動的重物。

打版紙

薄且挺的紙張，描繪紙型時使用。以粗糙面作為正面使用。

㊧疏縫固定夾 ㊨珠針

為免布料移動，進行暫時固定的工具。珠針一旦彎曲就很難使用，若有此情況即可處理替換新的珠針。

㊤錐子 ㊦拆線器

錐子可用於作記號、翻出邊角，或拆線時等各種用途，是非常多功用的工具。拆線器則用於拆線＆開釦眼等作業。

剪刀

請備齊布刀、紙剪與線剪。布剪應避免剪布料以外的物品，以防變鈍。

消失筆

在布料上作記號的工具。㊤水消，或隨時間自然消失的氣消麥克筆款。㊥以附帶的橡皮擦或洗滌方式消除的自動鉛筆款。㊦以附帶的毛刷或洗滌方式消除的鉛筆款。市售筆款及特性多樣，請依用途，挑選好用的款式！

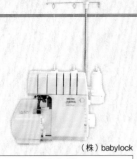

（株）babylock

拷克機

處理布邊的專用機型，也可用於縫合針織類的彈性素材。但若僅使用一般布料，以家用縫紉機的Z字車縫或捲邊車縫替代亦可。

Brother販賣（株）

縫紉機

有車縫直線專用的大馬力工業用縫紉機，亦有除了車直線之外，還能進行Z字型車邊&釦眼縫的家用縫紉機等種類。不同機種的用法皆有差異，請先充分閱讀自家縫紉機的說明書再開始使用。

Janome縫紉機工業（株）

熨斗・熨燙台

用於舒展布料皺褶、壓摺縫份，以及燙開縫份。推薦選擇蒸汽熨斗較為好用。

骨筆

在布料上畫痕跡或記號，作出褶痕的工具。

1.裁布前的準備
☑ 整理布紋

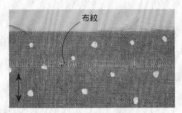

布紋

②抽出橫線，即可看見橫布紋。

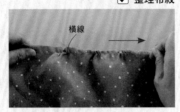

橫線

①將布紋方向順直，稱之為「整理布紋」。拉1股布料橫線並抽出。

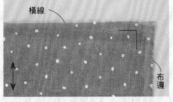

橫線 / 布邊

④若無布邊，也以相同方式抽直線裁剪。在裁布之前，請務必將橫線&直線調整成直角。

③以剪刀順著橫布紋裁剪。

來作不需紙型、無內裡的束口包吧！

No.49 附側身束口包的作法

裁布圖

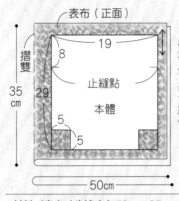

表布（正面）

摺雙

35cm

19
8
止縫點
本體
29
5
5

※標示尺寸已含縫份。

50cm

材料／表布（牛津布）50cm×35cm　繩子（寬1cm的織帶）120cm
完成尺寸／寬17×高20×側身10cm
紙型／無

切割墊
滾輪刀
裁布尺

以滾輪刀&裁布尺進行裁布，就能筆直地漂亮裁切。

＼便利工具／

左 滾輪刀 ☒
右 切割墊 ☒
下 裁布尺（方格尺 ☒）

布料（背面）
線

②以剪刀沿記號線裁剪。

2.裁布
☑ 無紙型的裁布方式　☑ 記號牙口的作法

布邊
布料（背面）

①參見〈裁布圖〉，直接以消失筆在布料背面畫線；但若布料需要對花，則應畫在正面。因布邊有可能產生布料縮起的狀況，建議不要使用。

3.拷克
☑ 車縫拷克的方式

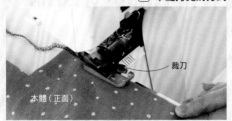

裁刀
本體（正面）

①處理布邊以免脫線。正面側朝上，將布邊抵住拷克機裁刀，以裁切1股織線的程度進行拷克。

記號牙口

止縫點 / 牙口

在作記號處剪 0.3 cm左右的牙口。

POINT!

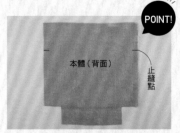

本體（背面）
止縫點

③裁布完成。以消失筆畫記止縫點，或剪記號牙口。準確地預作記號能讓之後的製作更加流暢。

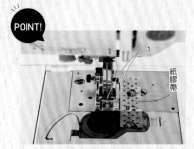

POINT!

②在距離車針縫份寬（1cm）的位置的針板上，貼上紙膠帶作為車縫時的參考線。

4.車縫底部
☑ 以縫紉機筆直車縫　☑ 燙開縫份

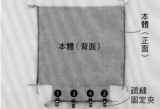

①將2片本體正面相疊，對齊底部的布邊。在兩側以疏縫固定夾固定後，中段也同樣夾住固定。

POINT!

③拉線頭，使車線不易脫落。若將線頭剪得剛剛好，車線易脫落，因此請務必預留5cm左右的線頭。

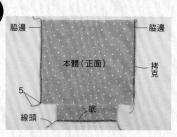

②將脇邊＆底邊拷克後，最後空車多留約5cm線頭，再剪斷。

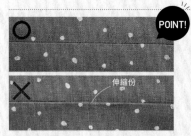

POINT!

確實壓摺縫線處，使縫線不醒目才是漂亮的縫份燙開作法。並請避免縫線處產生伸縮份（多餘的摺份）。

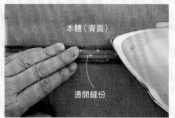

⑤攤開本體，以手指打開縫線，以熨斗燙開縫份。

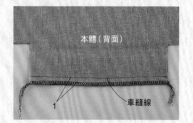

④底部車縫完成。

③將布邊靠著紙膠帶參考線，進行車縫。疏縫固定夾在車縫靠近前取下，起始＆結尾皆須回針加強固定。

珠針的固定方式

斜向固定或挑針幅度太大，位置容易跑掉。而直向固定，在車縫時則不易拔除。

❷稍微挑縫下側本體，在正面側出針。

❶將2片本體平放於桌面，以珠針沿縫份寬度插入。

5.車縫脇邊
☑ 珠針的固定方式　☑ 止縫點的縫法

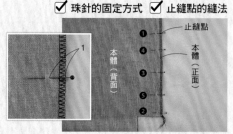

①再次將2片本體正面相疊，對齊脇線布邊。以珠針依止縫點、布邊、其間的順序固定。珠針在車縫記號線處，由右往左插入固定布料。

⑤止縫點之外的珠針一定要在車縫前拔除。若車縫到珠針，除了縫紉機有斷針的危險性之外，也可能損傷針板，導致縫紉機故障。

止縫點的縫法

④回針3針，回到止縫點。回針完畢，開始車縫脇線。

③車縫3針。

②布邊靠著參考線，在止縫點落針。需注意不要車縫到珠針。

⑥最後也回針加強固定，脇邊即車縫完成。另一側也以相同方式車縫。

6.車縫側身
☑ 縫份倒向單側

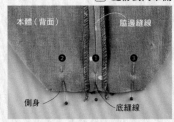

①將脇邊縫線＆底縫線對齊固定，摺疊側身。

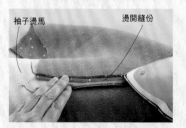

⑦將袖子燙馬放入本體中，靠在脇邊縫份上。將脇邊的縫份以4.-⑤相同方式燙開。燙開縫份至止縫點上方1cm。

╲╲便利工具╱╱

袖子燙馬

方便熨燙車縫成筒狀的部位。
以捲起的毛巾替代也OK。

毛巾

⑥最後也回針加強固定，脇邊即車縫完成。另一側也以相同方式車縫。

7.翻至正面，車縫止縫點上方。
☑ 翻至正面的方法

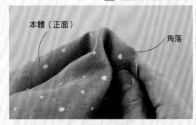

①翻至正面。將手指從本體之中伸入側身角落，漂亮地將角落翻出。

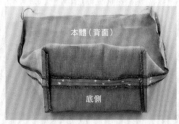

④另一側也以相同方式車縫，使側身縫份倒向底側。

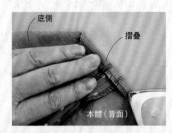

③沿縫線將側身縫份摺往底側。此作法為「壓倒縫份」。

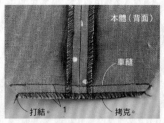

②以1cm縫份車縫側身，2片一起拷克。拷克2端預留較長的線頭後剪斷。在布邊打一次結，再剪去多餘線條。

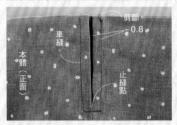

⑤剪斷拷克線頭。

④車縫至止縫點處，往回車縫成ㄈ字形。另一側也以相同方式車縫。

③背面側朝上，在止縫點以上進行車縫。

②側身車縫完成。

③背面側朝上，從摺線0.2cm的內側車縫。

②接著再對準2cm的刻度摺疊。完成1cm→2cm寬度的三摺邊。

①袋口處以1cm→2cm寬度三摺邊，製作穿繩通道。使布邊對準縫份燙整尺的1cm刻度摺疊，以熨斗作出摺線。

8.車縫穿繩通道
☑ 三摺邊

╲╲便利工具╱╱

縫份燙整尺

可依刻度簡單摺出縫份的專用尺。或在明信片大小的厚紙上畫線，自行製作亦可。

厚紙

下一階段，製作有紙型＆內裡的附口袋束口袋吧！

No.50 栗子束口袋的作法

材料／表布（平紋精疏棉布）65cm×25cm
　　　裡布（亞麻布）50cm×20cm
　　　繩子（粗0.5cm圓繩）1m
完成尺寸／寬18×高16.5cm
紙型／D面

裁布圖

※口布、口袋無原寸紙型。請依標示尺寸（已含縫份）直接裁剪。

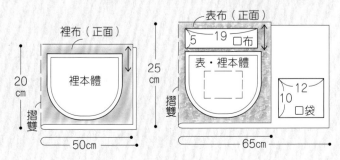

9.穿繩
☑ 繩子的穿法

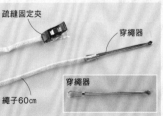

疏縫固定夾　穿繩器

穿繩器

繩子60cm

①剪下2條60cm長的繩子。以穿繩器夾住繩子一端，另一端為免脫落以疏縫固定夾固定。

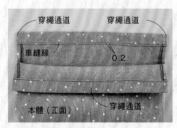

穿繩通道　穿繩通道

車縫線　0.2

本體（正面）　穿繩通道

④穿繩通道車縫完成。

打結。　繩子

本體（正面）

③穿入2條繩子，末端打結即完成。　穿繩方式

穿繩通道

本體（正面）　穿繩器

②從穿繩通道開口置入穿繩器，穿入繩子。

便利工具

曲線尺（D彎尺）

能夠應付各種曲線的尺。可畫出漂亮的曲線，非常方便。將曲線尺的弧線處對準紙型描線。

1.描繪紙型
☑ 紙型的描法

③以定規尺描畫紙型的完成線。曲線部分請一邊慢慢轉動尺，一邊描線。

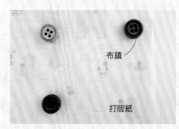

②打版紙的粗糙面朝上，重疊於紙型上，以布鎮壓住避免移動。

①從附錄紙型中找到目標紙型，先以魔擦筆這類可擦除的筆畫色，方便清楚辨視。

2.裁布
☑ 有紙型的裁布方式

③沿紙型裁布。盡量避免移動布料，一邊移動自己的位置一邊裁布。

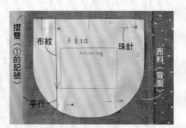

②在①記號位置正面相向摺疊。在與紙型布紋＆摺雙呈平行的位置，以珠針固定紙型。由於珠針會妨礙裁布，請在不超出紙型的位置，以相同方向固定。

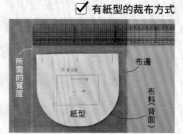

※2片重疊裁布的情況
①參見P.29步驟1.進行裁布前的準備。暫時固定紙型後，作出與布邊平行的所需寬度記號。

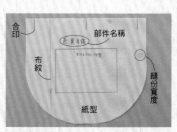

④描繪布紋、合印等必要的記號線。布紋是從紙型一頭畫至另一頭。並應寫上部件名稱、縫份寬度，再沿著完成線剪下。

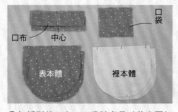

⑦無紙型的口布＆口袋請參見〈裁布圖〉直接畫在布料上，再進行裁布。裡本體則使用裡布，以表本體相同方式裁布。並注意畫上合印＆記號。

⑥以消失筆在布料正面的錐子記號處，畫上記號（僅1片）。

POINT!

⑤在下方墊厚紙等物品，於口袋接合位置的4個角落以錐子戳孔作記號。

④在合印作記號牙口（參見P.29 2.）。

3.製作口袋
☑ 以骨筆摺疊縫份的作法

④將①車縫側以外的三邊作出褶痕。

③以骨筆作出摺痕。②③的作法是以骨筆摺疊縫份，但以縫份燙整尺摺疊也無妨。

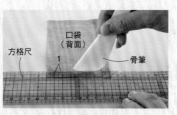

②將口袋背面側的布邊，對準方格尺的1cm刻度，以骨筆畫線。

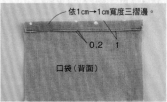

依1cm→1cm寬度三摺邊。

①參見P.31步驟8.①②，將口袋口依1cm→1cm寬度三摺邊，從背面側車縫。

4.接縫口布
☑ 暫時車縫固定

POINT!

②口布摺雙側朝下，對齊表本體＆中心的記號牙口，以珠針固定。先對齊口布接合止點＆口布邊緣並固定，再固定其間中段處。在此步驟確實對齊記號，即可車縫出漂亮的作品。

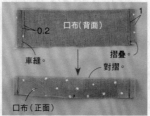

①口布兩側各摺疊1cm並車縫，再橫向對摺。

⑥從右端開始車縫。為了加強固定，起點＆終點請車縫三角形。

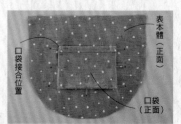

⑤對齊口袋接合位置的記號＆口袋角落，以珠針固定。珠針是從口袋外側朝內側插入。

若將曲線拉成直線車縫，縫份的寬度就會不正確，縫線也會歪掉。

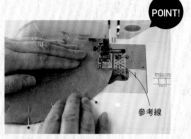

②布邊靠著參考線（參見P.30 4.-②）進行車縫。進行至弧邊時，將車縫速度放慢，僅車縫部分靠著參考線，依曲線形狀轉動車縫。

5.車縫表本體‧裡本體
☑ 弧邊的縫法

POINT!

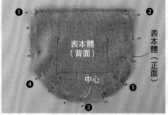

①將2片表本體正面相疊，固定袋口側、底中心，與其間中段處。弧邊處部以珠針仔細固定。

③將口布暫時車縫固定。暫時車縫固定是在表面看不見的位置（縫份一半左右處），以車縫線替代疏縫線進行縫合。雖說是「暫時車縫固定」，但因為想要牢牢地固定，起始&結尾皆須進行回針，且針目大小與正式車縫相同。

⑥往燙開的縫份下方自然地斜向摺疊。從弧邊到底部處，則沿縫線摺疊，往同一側壓倒縫份。

⑤將袖子燙馬置入本體中，僅開口部分燙開縫份。

POINT!

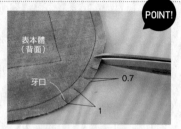

④在弧邊處，以1cm間隔剪0.7cm牙口。

③弧邊的車縫完成。

6.對齊表本體&裡本體
☑ 筒狀物的縫法

①在裡本體中放入表本體（表本體&裡本體正面相疊）。

⑨裡本體預留返口不車縫，其餘則以①至⑥相同作法縫製。

⑧從側邊觀看，縫線要被漂亮地燙整展開，避免在縫線產生伸縮份（多餘的摺份）。

⑦翻至正面，以熨斗燙整。

⑤燙開袋口縫份。

④袋口車縫完成。在燙開脇邊縫份的狀態下，確認車縫狀態。

POINT!

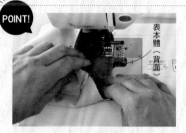

③袋口部分以1cm縫份車縫。車縫筒狀物時，以能觀看到內側（本次為表本體側）的方式，一邊慢慢轉動本體，一邊車縫。

②對齊表‧裡本體脇邊的縫線&中心的記號牙口，以珠針固定。其間中段處也要固定。

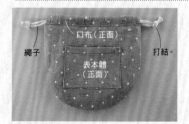

⑨剪2條50cm的繩子，參見P.31 9.進行穿繩，作品即完成。

穿繩方式

⑧拉出裡本體，將返口縫份內摺1cm，2片對齊車縫。再將裡本體放回裡側。

⑦以熨斗熨壓固定，並注意避免在袋口處產生伸縮份；再暫時將表本體翻至內側，以③相同方式從表本體側在袋口處車縫壓線。完成後翻回正面。

⑥從返口翻至正面。

手繡愛藏

優雅又美麗時髦的珠繡飾品！

Broderie Haute Couture

以運用於法國巴黎高訂時裝週禮服上，驚豔眾人的絕美珠繡技巧，

使用圓繡框×手縫刺繡針，

將珠子、亮片、水鑽、緞帶、飾繩等，一針一線添繡於歐根紗面料上。

藉由高雅的配色×組合多種素材的豐富變化，

層層堆疊出華麗又高雅，閃耀精品質感的小小單品們。

＋重點技法＋
可掃 QR 碼
看教作影片唷！

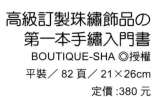

高級訂製珠繡飾品の
第一本手繡入門書
BOUTIQUE-SHA ◎授權
平裝／82 頁／21×26cm
定價 :380 元

透過手鞠球感受季節更迭之美
手鞠的時間

TEMARICIOUS連載企畫更新！本期是手鞠與草木染店鋪
NONA的專訪。在夏季號中，特製了日本色彩「藍」的網干
手鞠。

photo：Yukari Shirai　styling：HAL

藍色＋網干紋樣＝夏手鞠

「說到夏日色彩，非藍色莫屬。日本獨特的藍染，特別能讓人感受到夏季風味的涼爽感對吧！」正如NONA安部小姐所說，除了色彩本身之外，也能從中感受到藍色特有的魅力。自古以來，日本除了服飾之外，也將藍染使用在手帕、蚊帳等物品上。藍色不僅可以替纖維染色，也能增加材質本身的強度，還有防蟲防臭的的效果。NONA也使用最適合日本悶熱夏季的藍色，染製出了漸層線。「藉由縮短顏色變化的間隔，能夠輕鬆表現出顏色深淺的繡線。」看著展示於眼前的藍染漸層線，彷彿能夠感受到無風海洋般的平靜，以及凜冽的清爽感，是貨真價實的夏日感繡線。

安部小姐使用此繡線，製作出日本傳統紋樣之一的「網干」紋樣手鞠。「這是將晾曬於海邊三角錐上的漁網轉化為圖案的紋樣，也常應用於和服與飯碗的裝飾圖紋。希望手持這網干手鞠之人，皆能聯想到暑假的海邊或寧靜的漁村風景，享受夏日的氣息。」

網干手鞠的交錯花紋，讓人感受到如正拍打著海岸般的水波紋漾。且在製作素球時，也試著添入了檸檬與胡椒薄荷的精油。期待你也能一邊享受清新的夏日香氣，一起動手作看。當網干手鞠完成之時，盛夏也已在你身邊！

No.51

No.52

NONA所染的炫藍色繡線

使用天然的印度木蘭，由NONA工房染色的藍染繡線。在晴朗無雲的日子裡，晾曬於NONA屋頂上。以漸層染色的效果，作出了兼具藍色的鮮明調性與高雅寧靜感的成品。

No.51·52

ITEM｜網干手鞠
（No.51·ecru／No.52·漸層色）
作 法｜P.73

在20等分的素球上，繡上宛如撒網般的網干紋樣。緊密編織的網紋，是以2股NONA繡線來表現。看著球體的滾動，就彷彿傳來了海潮湧起之聲。

No.51·繞線＝NONA細線（ecru）
掛線＝NONA線（藍色漸層）
No.52·繞線＝NONA細線（藍色漸層）
掛線＝NONA線（ecru）／NONA

初次見面，這裡是NONA

NEW SHOP

NONA（ノナ）
東京都杉並区西荻南 3-21-7
www.nonatemari.com
@nonatemari

在東京西荻窪開店3年，一直以TEMARICIOUS名義活動的安部梨佳小姐，為了想讓人更親近手鞠，同樣以西荻窪作為活動地點，拓展新的場所。店鋪名稱NONA，是拉丁語中「9號」之意。

安布小姐表示，「NONA以手鞠和草木染物的製作為品牌主軸。想要創造出使用自己染的線製作手鞠，聯繫人與人之間交流的場所。」1樓是陳列著草木染繡線與NONA精選手鞠商品的店面，2樓則是能慢慢享受手鞠製作樂趣的工作室。如同自己打造的店面兼工作室，與NONA員一起手工打造的店面兼工作室，也是極溫暖舒適的空間。NONA將陸續發表更多的手鞠及NONA繡線，還請期待！

※為了方便理解，在此更換繡線顏色。

作法
No. No.
51·52
網干手鞠

1.製作素球

薄紙
稻糠

1

將稻糠放在薄紙上。

圓周15cm／稻糠約10g
薄紙15cm×15cm

工具・材料

①書寫用具
②定規尺
③紙條20cm（捲紙或裁剪成寬5mm的長條紙）
④針（手鞠用針，或厚布用針9cm）
⑤珠針
⑥剪刀
⑦薄紙
⑧稻糠
⑨精油
⑩NONA細線
⑪NONA線（刺繡線）

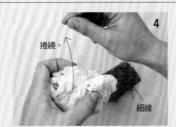

5

隨機纏繞底線，形成如哈密瓜網眼般的紋路，並不時地以手掌搓圓。

捲繞。
細線

4

薄紙避免重疊地揉圓，並以手指壓住細線的一端，輕柔地開始纏繞底線。

包覆。

3

以薄紙包覆稻糠。

精油

2

依喜好在稻糠中添加精油。

北極
赤道
南極

9

素球完成。上方稱為北極，下方為南極，中心則稱作赤道。

針

8

拔針，使線頭藏入素球中。

線頭
針

7

纏線完成後，將針插在素球上，線頭穿過針眼。

緊密纏繞。

6

覆蓋薄紙八成左右後，開始將線捲得較緊。捲至完全遮蓋薄紙，最終圓周約15cm。

2.決定北極・南極

裁剪。

4

依步驟3摺痕裁剪紙條，以此測量素球圓周。

北極
摺疊
纏繞。

3

紙條繞素球一圈。與步驟2摺疊好的位置銜接，摺疊另一端。

北極
持手3cm
紙條

2

紙條一端摺疊3cm（此處稱之為持手），摺線放置於北極處。

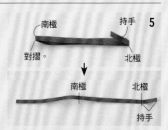

珠針
北極

1

隨機選定位置當作北極，插上珠針。北極・南極・赤道各使用不同顏色的珠針，以便清楚辨別。

旋轉。
南極
纏繞。

8

順著赤道線旋轉素球，重複捲上紙條，測量北極與南極之間幾處位置，一邊錯開步驟7的珠針位置，一邊決定正確的南極位置。

纏繞
珠針
南極
紙條

7

將紙條捲在素球上，珠針刺入紙條的南極左側。

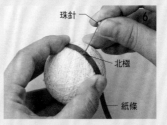

珠針
北極
紙條

6

暫時取下北極的珠針，刺入紙條北極處，再次連同紙條刺入素球的北極。

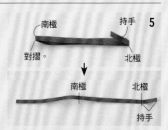

南極
持手
對摺。
北極
南極
北極
持手

5

持手保持摺疊狀態，對摺紙條。步驟2摺疊的位置為北極，對摺處則為南極。

3.決定赤道

9

在紙條南北極之間對摺，找出赤道位置。再次將紙條捲在素球上，在赤道位置的左側刺入珠針。

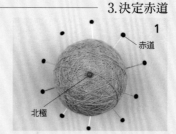

1

旋轉素球，採相同方式測量赤道位置。隨機在10個位置刺入珠針後，移開紙條。

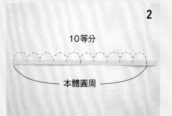

2

將紙條南北極之間10等分，並作記號。

3

紙條捲在步驟1標記的素球赤道上，將珠針重新刺入步驟2的10等分位置。

4.分球（20分割）

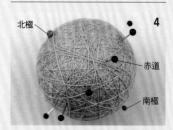

4

決定好北極＆南極，赤道也分成了10等分。

1

將1股NONA線（刺繡線）穿入針眼，在距離北極3cm處入針，從北極出針。

2

拔針，拉線直到線端收入素球中。步驟1、2為起繡的基礎。

3

使線位於入針的相同側，避免線鬆脫。在此統一通過赤道上的珠針右側。

4

通過南極右側、赤道，繞一圈回到北極。再通過北極右側，繞往左鄰的赤道珠針右側。

5

最重複步驟4，分割成10等分。從最後的分割線右側入針，在距離3cm處出針，剪斷線。

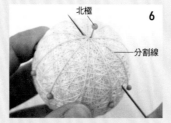

6

以步驟1、2相同方式從北極出針。

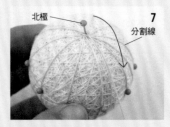

7

在10等分分割線（藍色）之間，以步驟3至5相同方式作出分割線。

5.纏繞赤道帶

8

分割20等分完成。

1

以1股NONA線（刺繡線）穿入針眼。在距離赤道3cm處入針，從赤道分割線左側出針。

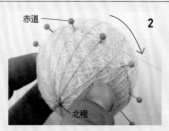

2

比照針刺入的同側方向，沿赤道右側繞線。

3

繞赤道一圈，於1分割線右側入針，並在距離3cm的位置出針＆剪斷線，完成赤道線。

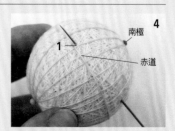

4

拔除赤道的珠針。在赤道線右側，步驟1相同的位置出針。

5

線往入針的同側方向，沿著赤道線，毫無間隙且避免扭轉地繞線。

6

捲線5圈後，從步驟1分割線右側穿針，在赤道左側出針。

7

素球旋轉180°，沿赤道線以步驟2的相反方向捲繞。

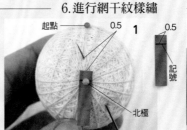
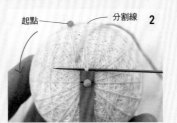
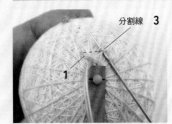

捲繞5圈後，從1的分割線右側入針，在距離3cm的位置出針，剪斷繡線。完成赤道帶的捲繞。

在測量中心距離的紙條上作記號。記號對準北極，穿入珠針。選一條分割線為起點，在距離紙條端上方0.5cm的起點左側出針。

取2股NONA線（刺繡線）進行掛線。素球向左轉，從起點右鄰分割線的紙條上方，由右至左稍微挑縫素球穿針。

在右鄰的分割線處，取步驟1相同高度，在素球上由右朝左稍微斜向地挑縫穿針。

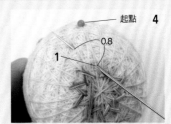

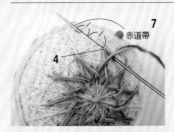

重複步驟2、3回到起點，於步驟1分割線右側入針，往上方0.8cm處的起點左鄰分割線左側出針。

進行第2段掛線。由右朝左穿過起點第1段下方的分割線。不挑縫素球。

在右鄰分割線處，取步驟4相同高度，由右朝左稍微斜向地挑縫素球穿針。

重複步驟5、6回到步驟4，從步驟4分割線右側入針，在左鄰分割線的左側，赤道帶與步驟4之間的一半位置出針。

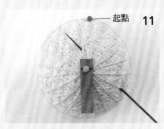

第3段不挑縫素球，以第2段步驟5相同方式，在第2段掛線。

完成第3段掛線後，從步驟7分割線右側入針，在左鄰的分割線左側、赤道帶旁出針。

以相同方式完成第4段掛線後，於步驟9分割線右側入針，剪斷繡線。

以北極側相同作法，進行南極側的掛線。南極側從起點左鄰開始掛線。

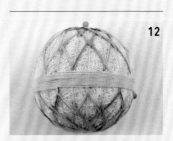
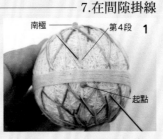

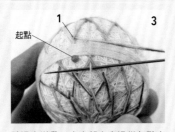

北極側&南極側的掛線圖案呈延伸交錯狀。

在南極側第4段上方的起點左側出針。

將針穿入右側的掛線下方。

跨過赤道帶，由右朝左穿過從起點右鄰，北極側第4段下方的分割線。此時不挑縫素球。

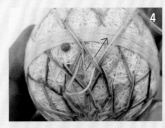

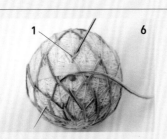

針穿過右側的掛線下方。

跨過赤道帶，由右朝左通過右鄰、南極側第4列上方的分割線。此時不挑縫素球。

重複步驟2至5，掛線1圈，於1分割線右側入針，剪斷繡線。

完成！

No. *53*

No. *54*

profile

ちるぼる・飯田敬子

刺子繡作家。出生於靜岡縣，在青森
縣居住時期接觸了刺子繡，從此投入
學習傳統刺子繡技法。目前透過個人
網站及youtube，推廣初學者也易懂的
刺子繡針法＆應用方式。

@sashiko_chilbol

No. *53·54*

ITEM｜提燈（紅・黃）
作　法｜P.44

從盆踊到阿波舞⋯⋯說到夏天，就
會讓人想到祭典的景象。以單色繡
線繡上微微點亮夏季夜路的提燈
吧！

No.53線＝NONA細線（紅）
No.53線＝NONA細線（黃）／NONA

新連載

享受四季
刺子繡家事布

☐☐☐☐

由刺子繡作家ちるぼる飯田敬子負責的刺子繡連載啟動！
此單元將精選為四季增色的圖案，邀你一起製作刺子繡家
事布。

攝影＝藤田律子

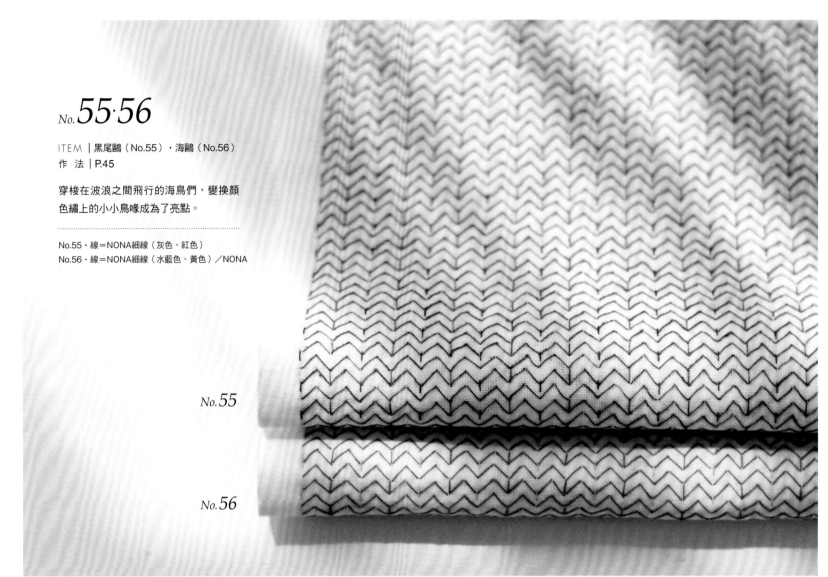

No.55·56

ITEM | 黑尾鷗（No.55）・海鷗（No.56）
作 法 | P.45

穿梭在波浪之間飛行的海鳥們，變換顏
色繡上的小小鳥喙成為了亮點。

No.55・線＝NONA細線（灰色、紅色）
No.56・線＝NONA細線（水藍色、黃色）／NONA

No.55

No.56

刺子繡家事布的作法

※為了方便理解，在此更換繡線顏色，並以比實物小的尺寸進行解說。

[刺子繡家事布的基礎]

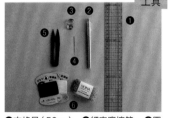

工具

❶方格尺（50cm） ❷細字魔擦筆 ❸圓
盤頂針器 ❹針（有溝長針） ❺線剪 ❻
線（NONA細線或細木棉線）

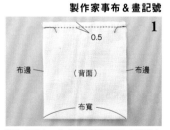

製作家事布＆畫記號

1

製作家事布。在此直接利用漂白木棉的布
寬（約34mm）。裁下長度73cm（布寬
×2+5cm），正面相疊對摺，沿布邊0.5
cm處進行平針縫。

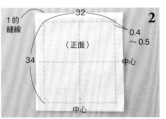

2

翻至正面，使縫目在上側邊。以魔擦筆畫
中心十字線，再畫出寬32cm高34cm的四
角形，並畫記方格記號（0.4至0.5cm）。

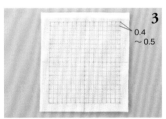

3

連接記號畫方格。

頂針器的配戴方法・持針方法

1

圓盤頂針器的圓盤朝下，套入中指根部。

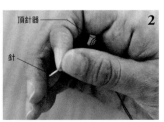

2

剪下約張開雙臂長度（約80cm）的線
段，取1股線穿針。以食指＆拇指捏針，
頂針器圓盤置於針後方的方式持針。

起繡

1

在距起繡點5格處入針，穿入兩片布料之
間，往起繡點出針，不打線結。

不在背面側出線。

順平繡線

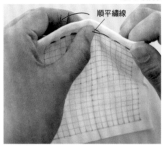

順平繡線

每繡1列，就順平繡線（以左手指腹順平左側線段），舒展凸起處，使繡好部分的布料平坦。

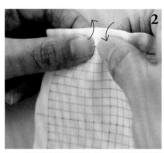

2

以左手將布料拉往對向側，使用頂針器從後方推針，於正面出針。重複步驟①、②。

繡法

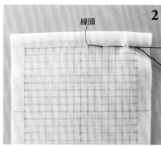

1

以左手將布料往自己方向拉，使用頂針器一面推針，一面以右手拇指控制針尖穿入布料。

2

線頭

留約1cm的線頭，拉繡線。為了固定前步驟位於布間的繡線，在每1格反覆交互入針出針，完成後剪去線頭。

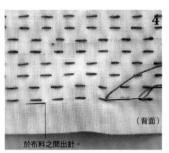

4

（背面）

於布料之間出針。

繡3針之後，穿入布料之間，在遠處出針，並剪斷繡線。

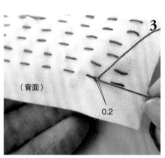

3

（背面）

0.2

以0.2cm左右的針目分開繡線線入針，穿過布料之間，於隔壁針目一端出針，以相同方式刺繡。

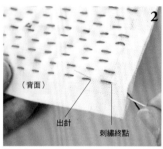

2

（背面）

出針　刺繡終點

翻至背面，避免在正面形成針目，將針穿入布料之間，在背面側的針目一端出針。

刺繡完成的處理

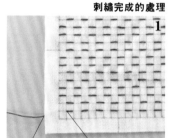

1

於布料間出針。　刺繡終點

刺繡完成後，從布料間出針。

※若在過程中線段不足，也以相同的完繡&起繡方式處理。

[No.53提燈（紅）· No.54提燈（黃）的繡法]

材料：漂白木棉布34cm×73cm、線

1.橫向刺繡

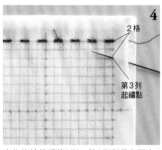

4

2格

第3列起繡點

夾住格線般繡第2列。第3列則是在下方2格，與步驟2起繡點對齊的位置出針。

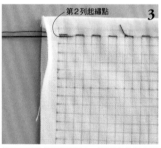

3

第2列起繡點

從第2列的起繡點出針。換列務必從布料之間通過，不要在背面形成針目。第2列的刺繡起點，繡在與第1列相同方格的線條下方。

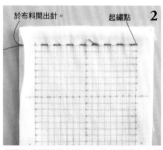

2

於布料間出針。　起繡點

從圖示位置開始刺繡。在格線稍微上方的位置出針，每1格交替刺繡，繡第1列。繡到末端時就從布料之間出針。

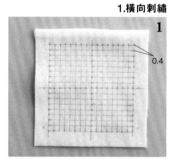

1

0.4

製作家事布，畫0.4cm寬的方格。

2.直向穿線

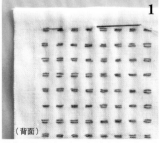

2

0.2

（背面）

以0.2cm左右的針目，分開繡線入針&穿入布料之間，在隔壁針目一端出針。

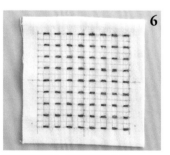

1

（背面）

從背面側入針，穿入布料之間，避免線外露於正面側，從末端數來第2個橫線的一端出針。

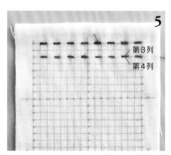

6

重複步驟2至5，繡至橫列的末端。

5

第3列
第4列

同依步驟2至4相同方式，繡第3、4列。

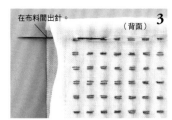

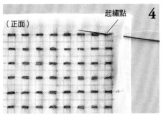

以步驟2相同方式刺繡，從布之間出針。

翻至正面，從起繡點出針。

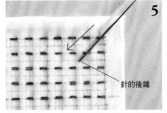

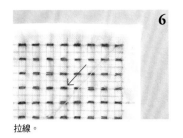

將繡針後端，如圖般傾斜穿過橫向針目第1、2段。

拉線。

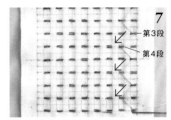

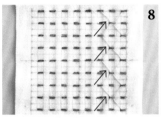

以相同方式穿過橫向針目第3、4段，重複步驟5至7直到最後。將針刺入最後一列的左端，穿入布料之間，於隔壁3格的針目右側出針。

從另一側重複步驟5至7。

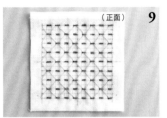

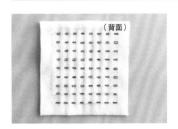

以相同方式穿線直到最後。全部繡好之後，剪去露出的線頭。以熨斗消除格線就完成了！

[No.55黑尾鷗・No.56海鷗的繡法]

材料：漂白木棉布34cm×73cm、線

1.直向刺繡

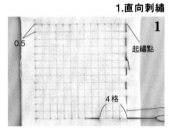

製作家事布，繪製寬0.5cm方格。以圖中的位置為起繡點，直向輪空1格交錯刺繡。完成一列後，穿入布料間，於隔壁4格出針。

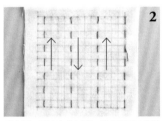

以步驟1相同方式刺繡，進行間隔4格的直向刺繡。

2.斜向刺繡

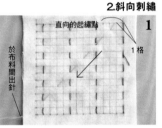

從距離直向起繡點1格的位置開始刺繡。與方格呈斜向進行渡線，輪空1格交錯刺繡到最後，從布料間出針。

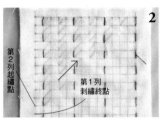

於步驟1的刺繡終點直向上方1格出針，以步驟1相同方式，斜向繡方格直到最後。以相同方式斜向刺繡至上半部的最後。換列時，讓線穿入布料之間，避免在背面側留下針目。

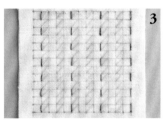

下半部也以相同方式刺繡。

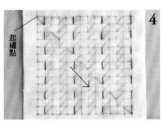

夾住直向繡線，在呈現V字形的位置繡反向側的斜線。

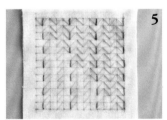

在直向相同位置的方格，斜向繡至最後。

下半部也以相同方式刺繡。

3.繡鳥喙

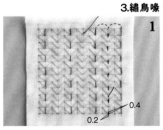

從直向繡線的中心，距斜向繡線V字下方中心0.2cm的下側開始刺繡，跨線繡0.4cm針目。繡至最底端時，穿入布料之間，於旁邊4格出針。

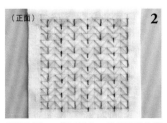

重複步驟1，繡至最後。剪掉露出的線頭，熨燙消除格線就完成了！

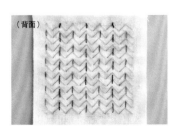

Toshiko Fukuda

透過手作享受繪本世界的樂趣

～青蛙王子～

Der Froschkönig oder der eiserne Heinrich

手藝設計師福田とし子以繪本為題材的人氣連載第6回。本期，福田老師所選擇的喜愛繪本是《青蛙王子》。

將以超可愛的玩偶作品，為你介紹故事中登場的動物們。

攝影＝回里純子　　造型＝西森 萌

【青蛙王子】

將金球掉進森林泉水中的公主和青蛙相遇後，故事就此展開……
一開始公主很討厭青蛙，但最後青蛙的魔法解除，變回王子的樣貌，兩人歡喜地結婚了。

*No.*58
ITEM｜青蛙眼罩
作法｜P.107

在青蛙內裡裝入紅豆，只要以微波爐稍微加熱後敷在眼睛上，就能逐漸
紓緩眼睛的疲勞。

*No.*57
ITEM｜水滴波奇包
作法｜P.106

以討厭青蛙而哭泣的公主眼淚為題材而製作的波奇包。背面有拉錬，非常適合放
置眼藥水或藥劑。

*No.*59　ITEM｜公主娃娃
作法｜P.108

profile　**福田とし子**
手藝設計師。持續在刺繡、編織與布小物類手工藝書刊發表眾多作品。手作
誌的連載是以福田老師喜愛的繪本為主題，介紹兼具使用、裝飾、製作樂趣
的作品。
https://pintabtac.exblog.jp/
@beadsx2

作成了從表情就知道是個任性公主的感覺。身著可穿脫的睡衣。

攝影＝回里純子　造型＝西森 萌

和布小物作家細尾典子，一起沉浸在季節感手作的第8回連載。

本期要介紹的，是宣告夏季到來的魚兒主題小物。

Seasonal Handmade Recipe
from Noriko Hosoo

細尾典子的
創意季節手作

～初夏之魚～

最愛的夏季終於到來！雖然近來無法隨心所欲地出門，但至少可在小物之中加入有季節感的圖案吧？考量圖案之美＆形狀的趣味，我選擇的是香魚（日文為鮎）＆尖吻鱸。回想著被夏日太陽照耀得閃閃發亮的魚兒們，一起作作看吧！

profile ————————

細尾典子

居住於神奈川縣。以原創設計享受日常小物製作的布小物作家。長年於神奈川縣東戶塚經營拼布・布小物教室。著作《かたちがたのしいポーチの本（暫譯：造型有趣的波奇包之書）》（Boutique社出版），收錄了許多看起來開心、作起來有趣的作品。

@ @norico.107

No. **60**

ITEM｜小香魚備用提袋
作　法｜P.110

以銀鱗反射著初夏日光，身體在清流之中跳躍的小香魚為主題，製作了貼布繡。橫式布包的側身足有8cm，穩定性可期；且包口裝有磁釦，很推薦裝便當或當成工具包使用。

鋪棉＝單膠棉襯（硬式・MKH-1）
接著襯＝織物襯布（硬挺效果・AM-W4）／日本vilene（株）
磁釦＝縫合式磁釦10mm（SUN14-11・N）／清原株式會社

ITEM｜**尖吻鱸波奇包**
（欣賞作品）

悠游在珊瑚之間，色彩鮮豔的尖吻鱸。當我在圖鑑中看到時，就對牠的形狀與繽紛的色彩一見鍾情，並迅速地設計成波奇包。包口是以磁釦開闔。作為文具收納包或眼鏡包使用，也不錯吧？

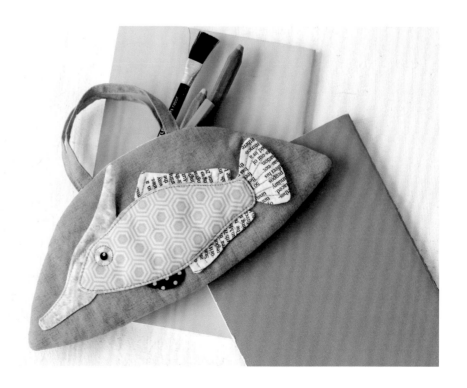

攝影＝回里純子　造型＝西森 萌

Kumada Mari

襪子動物園

以任何人都有的「襪子」來作可愛動物玩偶吧！連載第4回，是輕飄飄浮在海上，悠閒的海獺君。

profile

くまだまり Kumada Mari

手藝作家、插畫師。以手藝作品為主軸，涉獵刺繡、貼布繡、黏土細工等多元領域，作品收錄於眾多手藝書籍＆雜誌中。近期著作《はじめての切り紙（暫譯：第一次玩紙雕）》主婦之友社發行。

襪子動物園	
No.61	ITEM｜海獺君
	作法｜P.50

使用一雙成人的23cm至25cm尺寸襪子製作。雖然在此選擇了素色灰，但以藍色或咖啡色也能完成可愛的作品。一邊塞入棉花，一邊以使整體形狀渾圓的感覺來製作吧！

材料：運動襪1雙、丸大珠（黑色）、皮革5cm×5cm、繡線（咖啡色）、車縫線（白色）、填充棉適量
※為了方便理解，在此更換以紅色繡線縫製。※紙型：B面

海獺君的作法

1.裁布

①

一隻襪子原封不動地作為本體使用。另一隻襪子依紙型裁剪尾巴，手、腳則依上圖尺寸裁剪。剩餘的部分留作耳朵使用。

本體　腳部　6　耳朵　尾巴　9　手

2.製作頭部＆身體

①

在本體用的襪子腳尖處塞入填充棉。

腳尖　本體　填充棉

②

9　腳尖　縮縫。

在距離腳尖9cm處縮縫一圈。

③

頭部　脖子

拉線固定，即作出頭部＆脖子。

④

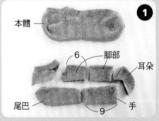

脖子　填充棉

在脖子以下塞入填充棉。

⑤

穿脫口　藏針縫

以藏針縫縫合襪子穿脫口。

⑥

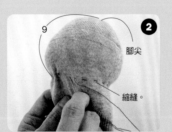

頭部　身體

頭部＆身體完成。

3.縫上尾巴

①

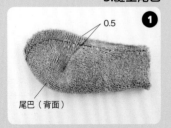

0.5　尾巴（背面）

尾巴正面相對，取0.5cm縫份縫合。

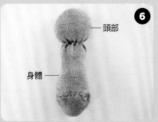
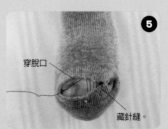

脚部（正面）

2

翻至正面。

4.接縫腳部

脚部（背面）

1

3
5.5
摺雙
4

將腳部正面相對摺疊，縫合成圖中大小。

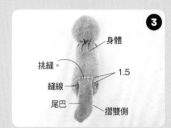

身體
挑縫。
1.5
縫線
尾巴
摺雙側

3

在1-⑤縫線上方1.5cm處挑縫尾巴。

尾巴（正面）

2

翻至正面。

5.縫合手部

挑縫。
手部（正面）
對摺。

1

將手部從襪子摺線對半剪成2片。分別背面相疊對摺，挑縫四周。

身體
腳部
縫1針。

5

縫1針固定。

身體
腳部

4

腳部往上翻起，重新摺疊。

身體
2
5
2
摺雙側
腳部

3

腳部朝下，挑縫在身體未接縫尾巴側。

〈嘴巴的刺繡〉

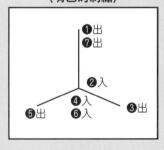

❶出
❼出
❷入
❹入
❸出
❺出
❻入

6
2股繡線
1
1
1
嘴巴

2

參考圖中位置，以2股繡線進行刺繡。由於起繡&終繡皆藏在鼻子下方，因此無需處理線尾。

6.製作臉部

耳朵
鼻子

1

從剩餘的襪子剪下2片耳朵，再以皮革裁剪鼻子。

手部
脖子
摺雙側

2

將雙手挑縫在脖子左右。

挑縫。
手部

6

將手部前端挑縫在臉上。

拉線。

5

拉線，讓頭稍微朝下。

縫合。
0.5
3

4

以0.5cm針距的藏針縫，收縫嘴巴下的脖子。

8.5
7
1.5
0.5
眼睛
耳朵
鼻子

3

以白膠將鼻子黏貼在嘴巴上，取2個丸大珠作為眼睛，參見圖示位置以白膠黏貼固定。耳朵則在周圍塗上防綻用白膠後貼上。

完成！

※可依據喜好讓牠拿著貝殼。

3.5
3.5

9

修剪鬍子。

鬍子
白膠

8

以白膠黏固鬍子根部。

1.3
2股車線

7

將長約20cm的2股車縫線，如圖示穿過嘴部作為鬍子。

布作の童夢世界
令人深深著迷の手作人形偶

獨特的氣質表情、鄉村風的精緻造型，
每一件人形偶都像擁有自己的祕密故事般地惹人愛憐。

從人形偶主體的製作、充棉＆身體組件的接連、
頭髮造型＆臉部表情呈現，到衣服的縫製＆接縫，
跟著詳細圖解＆重點提領，慢慢地一針一線縫製出專屬於你的可愛人形偶吧！

米山MARIの手縫可愛人形偶
（暢銷版）
米山 MARI ◎著
平裝／56頁／19×26cm／彩色＋單色
定價 350 元

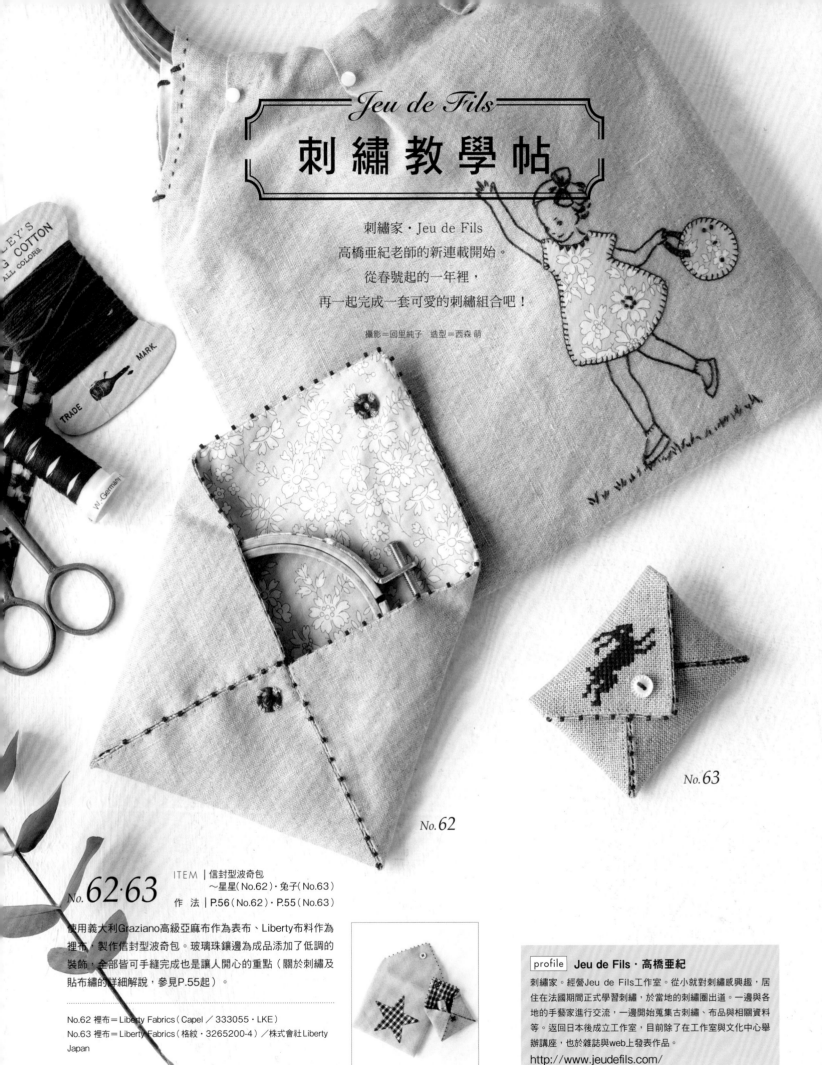

Jeu de Fils
刺繡教學帖

刺繡家・Jeu de Fils
高橋亜紀老師的新連載開始。
從春號起的一年裡，
再一起完成一套可愛的刺繡組合吧！

攝影＝回里純子　造型＝西森萌

No.63

No.62

No. **62·63**

ITEM｜信封型波奇包
　　　～星星（No.62）・兔子（No.63）
作　法｜P.56（No.62）・P.55（No.63）

使用義大利Graziano高級亞麻布作為表布、Liberty布料作為
裡布，製作信封型波奇包。玻璃珠鑲邊為成品添加了低調的
裝飾，全部皆可手縫完成也是讓人開心的重點（關於刺繡及
貼布繡的詳細解說，參見P.55起）。

No.62 裡布＝Liberty Fabrics（Capel／333055・LKE）
No.63 裡布＝Liberty Fabrics（格紋・3265200-4）／株式會社Liberty
Japan

profile　**Jeu de Fils・高橋亜紀**

刺繡家。經營Jeu de Fils工作室。從小就對刺繡感興趣，居
住在法國期間正式學習刺繡，於當地的刺繡圈出道。一邊與各
地的手藝家進行交流，一邊開始蒐集古刺繡、布品與相關資料
等。返回日本後成立工作室，目前除了在工作室與文化中心舉
辦講座，也於雜誌與web上發表作品。
http://www.jeudefils.com/

54

十字繡的基礎筆記

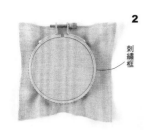

2
刺繡框

將刺繡用亞麻布裝入繡框中拉直布紋,並繡緊布料。

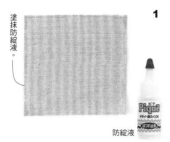

1
塗抹防綻液。
防綻液

先粗裁較大的布料(No.63為13cm×13cm),以方便進行刺繡。由於刺繡用亞麻布容易脫線,因此要先在四周塗上防綻液。

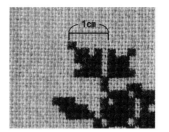

刺繡用亞麻布

經線和緯線等間隔編織而成的十字繡專用麻布。本次使用標示為「13目/1cm」或「33counts」,在1cm中有13目織線的布料。織線的股數會影響刺繡的大小。

材料·工具

25號繡線

由6股線捻合而成的線,依需要的股數抽出使用。

十字繡針

針頭呈圓形,針孔較大,是格繡專用繡針。

十字繡的繡法

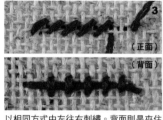

3
(正面)
(背面)

以相同方式由左往右刺繡。背面則是夾住起繡的線條直向渡線。

2股
2股
緯線　經線
【實物範例】　【圖例】

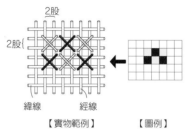

2
2股
2股

在此是以2股織線刺繡1目。夾住直向2股、橫向2股織線,刺／形,在2股線正下方出針。

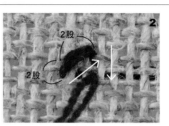

2
1cm
線結
起繡點

繡線打結,從距離正面的起繡點1cm的位置入針,從起繡點出針。這次的十字繡基本上是由左朝右,由上而下進行。

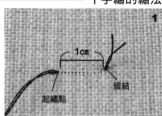

1

7

刺繡完畢後,從背面側出針,直向穿過約3針目後剪線。

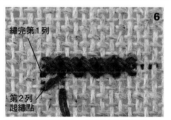

6
繡完第1列
第2列
起繡點

直向移動至下方列,以相同方式刺繡。

5

橫向繡完,改為由右朝左,由上朝下往回繡,形成×字形。

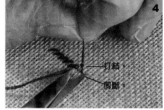

4
打結
剪斷

繡至靠近打結處後,拉線結,將線以下剪斷。

No.63 信封型波奇包～兔子

材料:表布(刺繡用亞麻布)13cm×13cm、裡布(長纖絲光細棉布)15cm×15cm、
25號繡線(紅線)、玻璃珠 適量、手縫線(細)、按釦0.8cm 1組

完成尺寸:寬6×4.5cm
紙型:無

2.四周進行毛邊繡

2
插入。
裡本體
(背面)
表本體
(正面)

將表本體&裡本體背面相疊,如圖所示插入角落縫份。

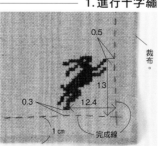

1
上　　上
1
上　　上
表本體
(背面)

將表本體、裡本體四周各內摺1cm,並統一使左側角疊於上方。

1.進行十字繡

0.5
13
裁布
0.3
12.4
1cm
完成線

1 在13cm×13cm的刺繡用亞麻布中央,以疏縫線縫9cm×9cm完成線。在圖片位置取2股線進行十字繡。

2 將刺繡完成的表本體完成線加上1cm縫份,裁剪成11cm×11cm。裡本體也以相同方式裁剪。

【刺繡圖案】

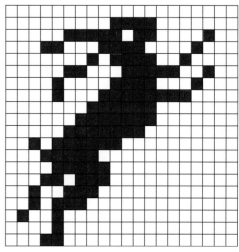

6

珠子

在下一針目穿入珠子，以相同方式進行毛邊繡。

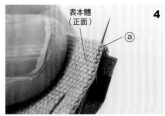

5

0.5

在距離5mm處，從表本體往裡本體下針，掛線進行毛邊繡。

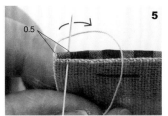

4

表本體（正面）

ⓐ

以1股手縫細線穿入能通過珠子的細針，於表本體的ⓐ角落出針。

3

表本體（背面）

疏縫。

表本體（正面）

ⓐ

角落全部插入後，進行疏縫。

3.製作本體

2

挑縫毛邊繡線圈，進行捲邊縫。

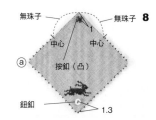

1

對摺。

先選一半無珠子的單側邊對摺，從摺雙處出針，挑縫毛邊繡的線圈。

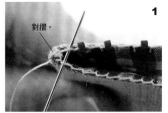

8

無珠子　無珠子

中心　中心

ⓐ

按釦（凸）

鈕釦

1.3

上圖標示不縫珠子處，皆進行毛邊繡。縫上鈕釦＆按釦公釦。

7

交互重複步驟**5**、**6**。

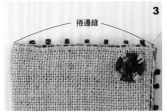

6

1.3

按釦母釦

縫合完成後，在內側打線結。於蓋子縫上按釦母釦就完成了！

5

摺雙處

朝向摺雙處，挑縫毛邊繡的線圈進行捲邊縫。

4

角

對摺另一無珠子的側邊，使兩角互相對齊，挑縫毛邊繡的線圈。

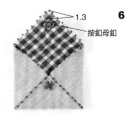

3

捲邊縫

單邊捲邊縫完畢。

No.62 信封型波奇包～星

材料：表布（麻）20cm×20cm、配布（長纖絲光細棉布）10cm×10cm、裡布（長纖絲光細棉布）20cm×20cm、雙面接著襯（MF quick）10cm×10cm、玻璃珠　適量、手縫線（細）、按釦0.8cm 1組

完成尺寸：寬11×高9cm
紙型：B面

貼布繡的作法

3

離型紙

配布（背面）

離型紙朝上，燙貼在貼布繡用布料（配布）的背面側。

2

0.5

沿完成線外側0.5cm剪下。

1

離型紙

雙面接著襯

在雙面接著襯的離型紙側，繪製貼布繡的圖案。

雙面接著襯（MF quick）
是在離型紙上有網狀黏膠的接著襯，可使布料相互黏貼。

6

直立縫

四周以1股繡線進行直立縫。再依裡本體紙型裁剪裡布，以No.63相同方式製作波奇包。

5

貼布繡的貼合位置

表本體（正面）

（正面）

依紙型裁剪表本體，將貼布繡熨燙黏貼於貼合位置。

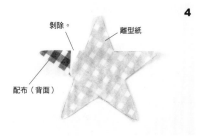

4

剝除。

離型紙

配布（背面）

沿完成線裁剪，並剝除離型紙。

YOKO KATO

方便好用的 圍裙＆小物

縫紉作家・加藤容子老師至今為止所製作過的圍裙，數量已達200件以上！本次介紹的，是呈現涼爽夏日風情的亞麻圍裙＆便利小物。

攝影＝回里純子　　造型＝西森 萌
妝髮＝タニジュンコ　模特兒＝KAKAZU

No. 64

ITEM｜針褶圍裙
作 法｜P.112

胸前有大量針褶，數量較多車縫時很麻煩，但完成後的快樂也會倍增。後側的綁帶綁得較鬆，呈現出寬鬆的穿著風貌。

表布＝細亞麻布（cfm-27・Navy）／CF Marche

profile
加藤容子

裁縫作家。目前在各式裁縫書籍和雜誌中刊載許多作品。為了達成「任何人都容易製作，並且能漂亮完成」的目標，每一件創作都是謹慎地檢視作法＆反覆調整製作而成，因此發表作品皆深具魅力。近期著作《使い勝手のいい エプロンと小物（暫譯：方便好用的圍裙＆小物）》Boutique社出版。

https://blog.goo.ne.jp/peitamama
@yokokatope

No. 65

ITEM｜蔬果保存袋
作 法｜P.93

以製作圍裙的餘布製作，有摺疊側身的束口袋。由於是具透氣性的細亞麻布，建議可存放馬鈴薯、洋蔥、大蒜等蔬菜。

表布＝細亞麻布（cfm-27・Navy）／CF Marche

以印度印染布專門店humongous的布料，來製作夏衫吧！一旦聽過店主西岡小姐暢談實際走訪印度的經歷，了解印染布的製作魅力，並透過印染布感進一步認識印度，便會對這件套衫更有感情。

P.59 印度的照片＝西岡店長
P.58 攝影＝回里純子　造型＝西森 萌　妝髮＝タニジュンコ　模特兒＝KAKAZU

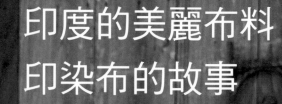

印度的美麗布料
印染布的故事

*No.*66

ITEM ｜V領套衫
作 法 ｜P.103

膚觸柔軟的木刻印染布，最適合製作夏季日常的衣著。由於是無需縫合領子和袖子的簡單套衫，因此今天製作，明天就可以穿。但要注意的是布料對花，若覺得沒把握精細處理，建議選擇不須對花的圖案或素色布料。

表布＝薄棉布～木刻印染布（FLOWER 571003）／humongous

木刻印染的魅力在於手工雕刻的工藝

humongous
東京都荒川区東日暮里3-28-4
https://shop.humongous-shop.com/
@humongous_prints

仔細觀察印度印染布的圖案，會發現線條有少許的模糊，圖案與圖案有些微的泛白……但若知道這樣的圖案，都是由一個個名為木版的木製印版（印章）壓印而成，我想無論是誰都會對印染布料更加喜愛。

對於humongous的店長西岡小姐而言，在印度認識「木版」的經歷，更是開店的契機。在實地造訪印度的木版工坊，並了解製作印染布的木版是如何完成後，似乎就更加地拜倒在印染布料的魅力之下。木版工房位於印製工廠不遠處，印度北部一處名為齋浦爾的城市。在發出鏘鏘鏘、空空空這樣輕快聲音的小型建築一室之中，可見數名師傅正默默地進行製作。將乾燥的木板描上圖案，使用方棍有節奏地敲打鑿子……令人忍不住驚嘆「這種精細的圖案也是？」的極細微位置也是靈巧地旋轉著鑿子雕刻而成。從祖先起，代代都是以製作木版維生的師傅們，其細緻的技法、高超的程度，足以讓人入迷地看上好幾個小時。使用過久，導致邊角或線條破損的木版不免被淘汰，再重新製作新的木版；但目睹那縝密的製作過程而深受感動，由衷體會到以雙手刻就的木版之中蘊藏著師傅手藝溫度的西岡小姐，特地索討了破損的木版當成店鋪的裝飾小物加以利用。

每每造訪工房時，總會以熱騰騰的印度香料茶作為款待的師傅，還曾經將雕刻成木版前，正在乾燥中的木板當成放置香料茶的托盤。直到現在，每當拿起木版時，個性逗趣的師傅以及鑿子熱鬧的律動聲總會浮上心頭。

溫馨又可愛的母女裝！

穿什麼能讓人一眼就看出你們的關係與親密呢？

那就是讓人感到無限溫馨的母女親子服！

尤其是親手製作，更代表了滿滿的愛。

本書介紹了母女相同單品的款式服裝，可以隨時依自己喜好去改變顏色。

或是不同款式，但採用同種布料，充滿變化的樂趣。

書中介紹各種花紋色系的上衣、可愛又充滿氣質的連身裙、

穿起來很文青的連身吊帶褲、輕鬆又休閒的寬褲、

簡單好作的鬆緊帶圓裙、還有步驟不複雜的外套。

而小孩的尺寸，從90cm到130cm，共有5種尺寸，

也可以製作可愛、高CP值的姊妹裝喔！

媽媽跟我穿一樣的！
媽咪&小公主的手作親子裝
Boutique-sha ◎授權
平裝 80 頁／21cm×26cm／彩色 + 單色
定價 420 元

本書介紹20種小巧卻表情豐富且精緻纖細的立體刺繡植物。書中介紹的花朵，只需將鐵絲沿著布料輪廓固定之後，在布上刺繡，再將零件立體組合在一起，就能簡單完成立體刺繡花朵。這是作者將從前歐洲流傳的「Stumpwork」（填充棉襯或毛氈布的立體刺繡）這種刺繡手法加以改良之後，所創造出的全新手法。依照書內教學步驟，刺繡在布料上，再切割下來並重新組裝，參考內頁的紫羅蘭作法，學習最基本的花朵立體刺繡製作，即可學會基礎的製花技法，完成別針、耳環等可愛飾品及室內擺設用的雜貨，以宛如親手培育植物的心情，一針一線，緩緩地繡出喜愛的植物，作成喜愛的立體刺繡小物吧！

將喜愛的花朵們，
瞬間的美麗，化作立體刺繡，
停留在手中吧！

花境祕遊
立體花朵刺繡飾品集
アトリエ Fil ◎著
平裝 104 頁／ 18.2cm × 17.2cm ／彩色
定價 380 元

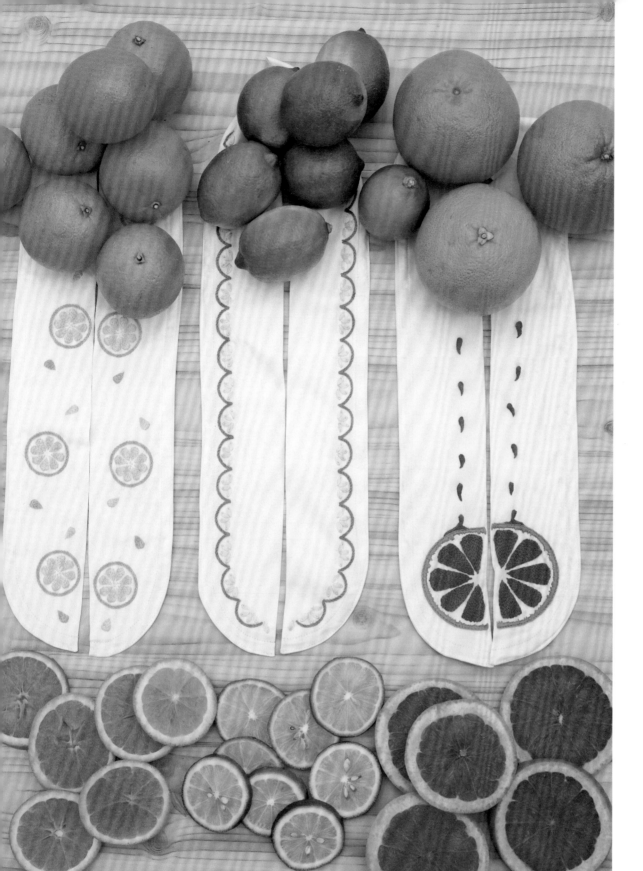

打開黃小珊的創作抽屜

夏日果織刺繡玩妝飾

夏日果物的酸甜好滋味，
為視覺帶來充滿活力的色澤。
用針線為穿搭點綴明亮色彩，
驚豔一夏吧！

■作品設計‧製作‧作法圖文＆圖
■照片提供／黃小珊
■執行編輯／陳姿伶

Introduction

f 黃小珊 的小閣樓

夢想以創作來自給自足，最愛做自己想要的東西。
然後發現很多人其實也好需要和喜愛，就是最大的幸福。
為了讓更多人體驗幸福，正努力推廣手作課程，
希望你也能親自來體驗手作的幸福時光。
https://garret2005.pixnet.net/blog

果物切片刺繡花樣

3種柑橘類切片圖樣,以3種基本刺繡技法刺繡,
圖案運用重複排列,或尺寸的放大及縮小,
就能創造出不同的效果。

帽帶 ♪

將裝飾帶寬度折半,繞帽緣一圈。
裝飾效果滿分!

領帶 ♪

加上領片造型,
為樸素的上衣帶來最佳搭配。

髮帶 ♪

運用邊緣的鋁線交疊扭轉,即可貼合頭型固定。
很不會繫髮帶的人也能輕鬆戴好。

收納 ♪

因邊緣穿入可塑形鋁線,
請捲起收納,避免鋁線過度凹折。

夏日果織刺繡玩妝飾

完成尺寸：約長87cm×寬6cm
材料（1個份）
白色棉布　90×15cm
1mm銀色鋁線　90cm

DMC25號繡線
葡萄柚 #351（果肉）・#741（果皮）
柳　橙 #726（果肉）・#742（果皮）
檸　檬 #11 （果肉）・#702（果皮）

果肉的鎖鏈繡填繡順序

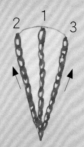 

從尖端出針，先繡
中央第一排（1），
再繡左右外側兩排
（1・2）。

排與排之間若有
空隙，就再繼續
繡一排（4・5）
補上。

直線繡

緞面繡

雛菊繡

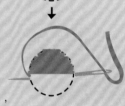

1出，線繞在針下，
從3出處抽出針。

1、2為同一孔洞
出入針。

4刺入

形成水滴型線圈，
針從線圈外正中央
刺下。

4入刺下的線
會扣住線圈。

輪廓繡

起點
1出

（在距1出0.3cm處入針）

（在1・2中央出針）
2入
3出
1出

使線圈在同一側。

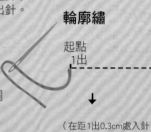

等距重疊。

原寸繡圖

#351 / 2股線 / 鎖鏈繡

#741 / 3股線
輪廓繡1排

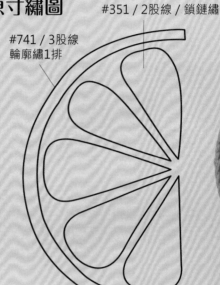

鎖鏈繡

1出後，線繞在針下，
再從3出處抽出針。

3出
1出 2入

1.2為同一孔洞出入針。

5出
3出 4入
1 2

形成第一個水滴型線圈。
針再從完成的線圈內刺入（4入），
5出＆繞線形成第二個線圈，抽針。

刺入

1 2

進行至最後一個線圈時，
在外側刺下，完成固定。

#741 / 3股線
緞面繡

#351 / 2股線
緞面繡

葡萄柚

柳橙

#726 / 2股線 / 直線繡

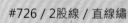

#742 / 3股線
輪廓繡2排

#726 / 2股線
鎖鏈繡

檸檬

#11 / 2股線
直線繡

#11 / 2股線
雛菊繡

#702 / 3股線
輪廓繡2排

製作裝飾帶布條 （原寸紙型：C面）

1.在適當位置完成刺繡。

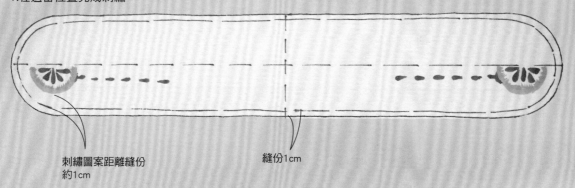

刺繡圖案距離縫份
約1cm

縫份1cm

2.將布條正面對摺，車縫1cm縫份，預留返口處不縫。

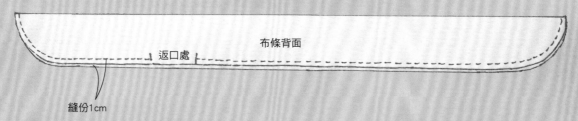

布條背面

返口處

縫份1cm

3.弧邊縫份處剪牙口。　　　　　　　4.將布條從返口翻至正面。

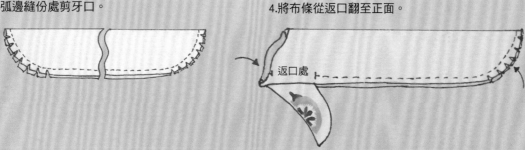

返口處

4.沿邊車縫鋁線通道1cm。

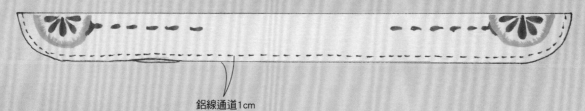

鋁線通道1cm

5.鋁線頭內摺收邊處理後，將鋁線從返口處穿入通道。

6.穿入鋁線後，沿邊緣0.1cm處壓線，即完成。

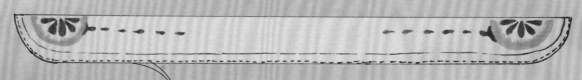

沿邊壓線0.1cm。

連結真摯心意的繩結
美麗又獨特的清新風格

挑選喜歡的作品
立刻動手編

首刷
隨書贈送
5條
水引繩

清新又可愛！
有設計感の水引繩結飾品
mizuhikimie ◎著
平裝／80頁／21×26cm／彩色
定價 320 元

製作方法
COTTON FRIEND 用法指南

作品頁

一旦決定好要製作的作品，
請先確認作品編號與作法頁。

作品編號 ----
作法頁面 ----

原寸紙型

原寸紙型共有A·B·C·D面。

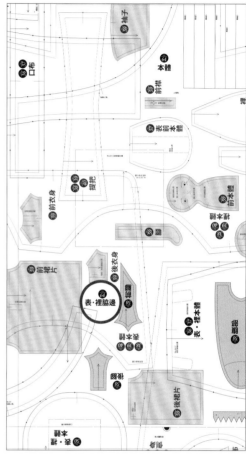

請依作品編號與線條種類尋找所需紙型。
紙型 已含縫份，請以牛皮紙或描圖紙複寫粗線使用。

作法頁

翻至作品對應的作法頁面，
依指示製作。

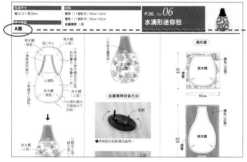

A面 ---- 表示該作品的原寸紙型在A面。

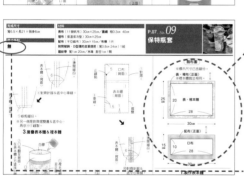

無 ----

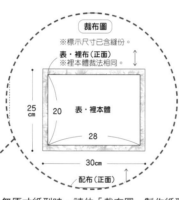

裁布圖
※標示尺寸已含縫份。
表·裡布（正面）
※裡本體裁法相同。

表·裡本體
20
28
25 cm
30cm
配布（正面）

無原寸紙型時，請依「裁布圖」製作紙型
或直接裁剪。標示的數字已含縫份。

標示「無」意指沒有原寸紙型，
請依標示尺寸作業。

本書使用的接著襯

Ⓥ=日本Vilene　Ⓢ=鎌倉Swany（株）

厚

接著襯 アウルスママ
（AM-W4）／Ⓥ
兼具硬度與厚度的扎實
觸感。有彈性，可保持
形狀堅挺。

中薄

接著襯 アウルスママ
（AM-W3）／Ⓥ
富張力與韌性，兼具柔
軟度，可作出漂亮的皺
褶與褶。

薄

接著襯 アウルスママ
（AM-W2）／Ⓥ
質地薄，略帶張力的自
然觸感。

單膠鋪棉

單膠鋪棉Soft アウルスママ
（MK-DS-1P）／Ⓥ
單面有膠的鋪棉，可用熨斗
燙貼。觸感鬆軟有厚度。

包包用接著襯

Swany Soft／Ⓢ
偏硬有彈性，讓
作品具張力，保
持袋型筆挺。

Swany Soft／Ⓢ
從薄布到厚布均適
用，能發揮質感，
展現柔軟度。

極厚

接著襯 アウルスママ
（AM-W5）／Ⓥ
硬度如厚紙，但彈性佳，
可保持形狀堅挺。

完成尺寸	材料
高30×袋底直徑20cm （提把40cm）	表布（棉牛津布）105cm×55cm 裡布（平織布）80cm×55cm／配布（亞麻布）70cm×50cm 接著襯（厚）85cm×60cm／單膠鋪棉 100cm×40cm
原寸紙型 A面	包芯棉繩 粗6mm 65cm／熱轉印貼紙

※ ▨ 需於背面燙貼厚接著襯。
　 □ 需於背面燙貼單膠鋪棉。

※提把A‧B、內口袋與蓋布無原寸紙型，
　請依標示尺寸（已含縫份）直接裁剪。

裁布圖

配布（正面）

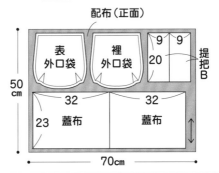

50cm

表外口袋　裡外口袋　9　9
20
提把B
32　32
23　蓋布　蓋布
70cm

裡布（正面）

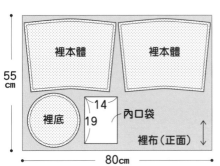

55cm

裡本體　裡本體
裡底
14
19　內口袋
80cm

表布（正面）

貼邊
表本體　表本體
表底
9　9　　9　9
13　　提把A　　13
55cm
105cm

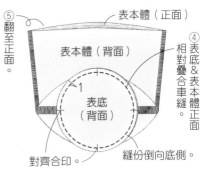

⑤翻至正面。
表本體（正面）
表本體（背面）
④表底&表本體正面相對疊合車縫。
①
表底（背面）
對齊合印。
縫份倒向底側。

↓

⑥暫時車縫固定。
提把（正面）
0.5
提把（背面）

4.製作裡本體

①依1.5cm→1.5cm寬度三摺邊車縫。
1.5　1.5
0.2
②三邊進行Z字車縫。
內口袋（背面）
1
1
③摺疊。

---

③車縫。
表外口袋（正面）
裡外口袋（背面）
返口7cm
1
⑤車縫。
1
表外口袋（正面）
④翻至正面。

3.製作表本體

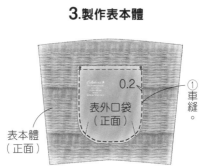

0.2
表外口袋（正面）
①車縫。
表本體（正面）

↓

表本體（正面）
③燙開縫份。
②車縫兩脇邊。
表本體（背面）
1

1.製作提把

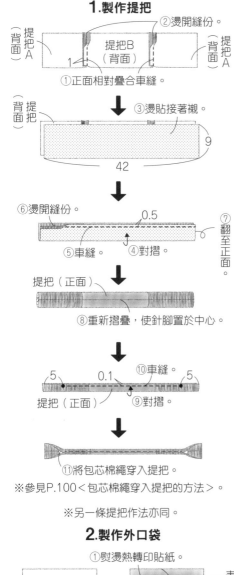

②燙開縫份。
提把A（背面）
提把B（背面）
提把A（背面）
1
①正面相對疊合車縫。

↓

背面 提把
③燙貼接著襯。
9
42

↓

⑥燙開縫份。
0.5
⑦翻至正面。
⑤車縫。　④對摺。

↓

提把（正面）
⑧重新摺疊，使針腳置於中心。

↓

5　0.1　⑩車縫。　5
提把（正面）　⑨對摺。

↓

⑪將包芯棉繩穿入提把。

※參見P.100＜包芯棉繩穿入提把的方法＞。

※另一條提把作法亦同。

2.製作外口袋

①熨燙熱轉印貼紙。
裡外口袋（背面）
9
表外口袋（正面）
②車縫尖褶。
3.5
縫份倒向內側。
縫份倒向外側。

5.套疊表本體＆裡本體

①將表本體放進裡本體內。

表本體（背面）

中心

①
②車縫。
1

裡本體（背面）

對齊脇邊＆中心。

③翻至正面。

脇邊

裡本體（正面）

1.2

⑥貼邊＆裡本體的邊緣進行落針壓線。

0.5

⑤車縫。

表本體（正面）

④縫合返口。

裡本體（背面）

---

⑨縫份倒向本體側。

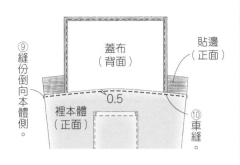

蓋布（背面）

貼邊（正面）

0.5

裡本體（正面）

⑩車縫。

※另一片作法亦同。

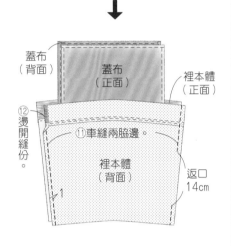

蓋布（背面）

蓋布（正面）

裡本體（正面）

⑫燙開縫份。

⑪車縫兩脇邊。

裡本體（背面）

返口14cm

1

⑬依 **3.** -④將裡本體＆裡底正面相對縫合，縫份倒向本體側。

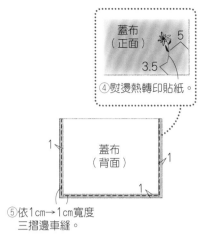

蓋布（正面）

5

3.5

④熨燙熱轉印貼紙。

1

蓋布（背面）

1

1

⑤依1cm→1cm寬度三摺邊車縫。

※另一片蓋布也依⑤製作。

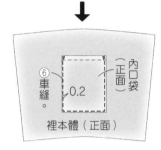

⑥車縫。

0.2

內口袋（正面）

裡本體（正面）

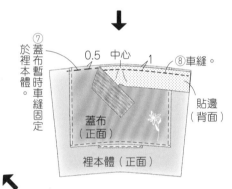

⑦蓋布暫時車縫固定於裡本體。

0.5　中心　1

⑧車縫。

蓋布（正面）

貼邊（背面）

裡本體（正面）

完成尺寸	材料
寬30×長30cm	表布（長纖絲光細棉布）35cm×35cm
	裡布（長纖絲光細棉布）35cm×35cm
原寸紙型	綁帶　寬0.4cm　35cm
無	鬆緊帶　寬1.4cm　5cm

P.07_ No. 11
餐具收納巾

2.縫上鬆緊帶

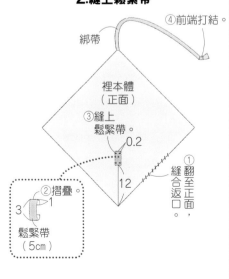

④前端打結。

綁帶

裡本體（正面）

③縫上鬆緊帶。

0.2

①縫合返口。

12

②摺疊。

3　1

鬆緊帶（5cm）

①翻至正面，

1.製作本體

①綁帶暫時車縫固定於一角。

0.5

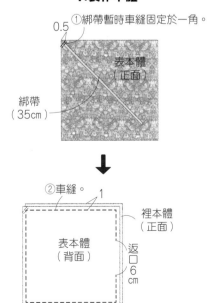

表本體（正面）

綁帶（35cm）

②車縫。

1

裡本體（正面）

表本體（背面）

返口6cm

裁布圖

※標示尺寸已含縫份。

表・裡布（正面）
※裡布裁法相同。

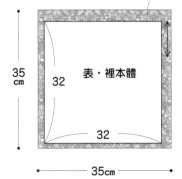

35cm

32

表・裡本體

32

35cm

完成尺寸	材料
寬13×長16×側身4.5cm	表布（亞麻布）40cm×40cm
原寸紙型	配布（長纖絲光細棉布）35cm×60cm
A面	裡布（亞麻布）40cm×40cm／接著襯（中薄）60cm×70cm
	金屬拉鍊 20cm 1條／熱轉印貼紙

隨身面紙套波奇包

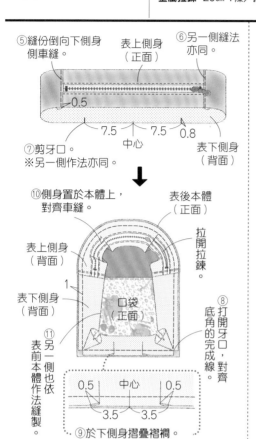

⑤縫份倒向下側身側車縫。
表上側身（正面）
⑥另一側縫法亦同。
0.5
7.5　7.5　0.8
中心
⑦剪牙口。
※另一側作法亦同。
表下側身（背面）

⑩側身置於本體上，對齊車縫。
表後本體（正面）
表上側身（背面）
拉開拉鍊。
表下側身（背面）
1
口袋（正面）
⑪另一側表前本體也依作法縫製。
⑧打開牙口，底角的完成線，對齊。
0.5　中心　0.5
3.5　3.5
⑨於下側身摺疊褶襉。

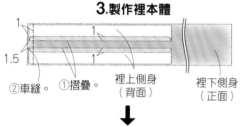

3.製作裡本體

1
1.5
1　1
②車縫。　①摺疊。
裡上側身（背面）
裡下側身（正面）

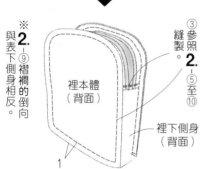

③縫製參照2.-⑤至⑩
※與表下側身褶襉的倒向相反。2.-⑨
裡本體（背面）
裡下側身（背面）
1

4.套疊表本體＆裡本體

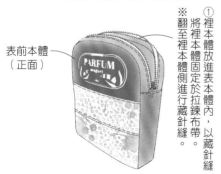

表前本體（正面）
①將裡本體放進表本體內，裡本體固定於拉鍊布帶，以藏針縫。
※翻至裡本體側進行藏針縫。

表本體（背面）
面紙套（正面）
面紙套（背面）
⑤整個燙貼接著襯。

④燙開縫份
③車縫。
1
A
表前本體（背面）
面紙套（正面）

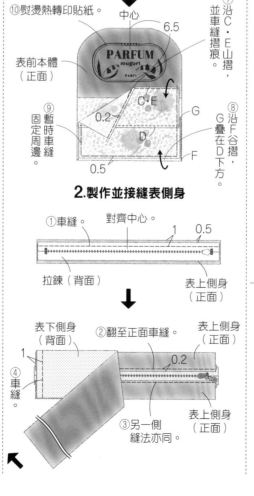

表前本體（正面）
D（山摺）
0.2
E
C
A
⑥如圖摺疊，沿D與E的摺邊車縫。
面紙套（正面）
F
B（谷摺）
G（山摺）
0.2

⑩熨燙熱轉印貼紙。
中心
6.5
⑦沿C・E山摺，並車縫摺痕。
表前本體（正面）
⑨暫時車縫固定周邊。
C・E
0.2
G
D
F
⑧沿F谷摺，G疊在D下方。
0.5

2.製作並接縫表側身

①車縫。　對齊中心。
1　0.5
拉鍊（背面）
表上側身（正面）

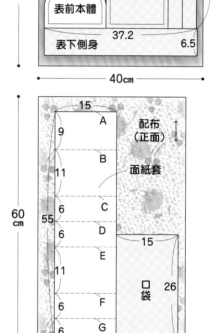

表下側身（背面）
②翻至正面車縫。
表上側身（正面）
1
0.2
④車縫。
③另一側縫法亦同。
表上側身（正面）

裁布圖

※除了表前・後本體與裡本體之外皆無原寸紙型，請依標示尺寸（已含縫份）直接裁剪。
※ ▨ 需於背面燙貼接著襯。

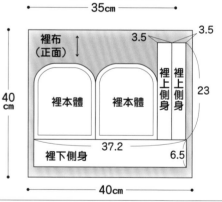

3.5　3.5
表布（正面）
表後本體
表上側身
表上側身
23
表前本體
40cm
37.2
6.5
表下側身
40cm

15
配布（正面）
A
9
面紙套
B
11
C
60cm
55
6
D
15
6
E
面紙套
11
F
6
口袋
26
G
35cm

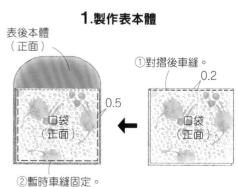

裡布（正面）
3.5　3.5
裡本體　裡本體
裡上側身　裡上側身
23
40cm
37.2
6.5
裡下側身
40cm

1.製作表本體

表後本體（正面）
①對摺後車縫。
0.2
口袋（正面）
0.5
口袋（正面）
②暫時車縫固定。

餐墊三件組

完成尺寸
本體：寬33×長15cm×側身5cm
餐墊：寬25×長15cm

原寸紙型
A面

材料
表布（亞麻布）70cm×80cm
裡布（平織布）40cm×40cm
棉織帶 寬5cm 30cm／**鋪棉** 80cm×40cm
熱轉印貼紙

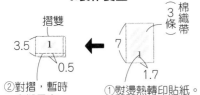

⑦車縫。
0.5
⑥縫合返口。翻至正面，
une deux trois
表本體（正面）

4.製作餐墊

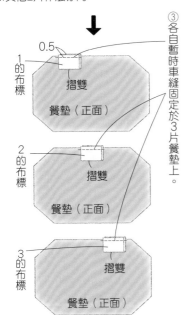

摺雙
3.5 ①
0.5
棉織帶（3條）
7
1.7
①熨燙熱轉印貼紙。
②對摺，暫時車縫固定。

※其他2片作法亦同。

③各自暫時車縫固定於3片餐墊上。

0.5
1的布標
摺雙
餐墊（正面）

2的布標
摺雙
餐墊（正面）

3的布標
摺雙
餐墊（正面）

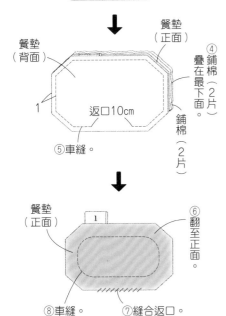

餐墊（背面）
餐墊（正面）
1
返口10cm
⑤車縫。
④鋪棉（2片）疊在最下面。
鋪棉（2片）

餐墊（正面）
1
⑧車縫。
⑦縫合返口。
⑥翻至正面。

※其他2片作法亦同。

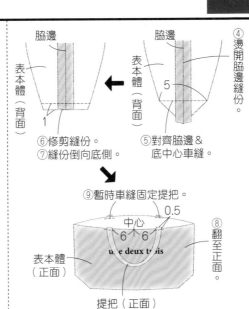

脇邊
表本體（背面）
1
⑥修剪縫份。
⑦縫份倒向底側。

脇邊
④燙開脇邊縫份
表本體（背面）
5
⑤對齊脇邊&底中心車縫。

⑨暫時車縫固定提把。

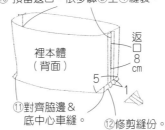

中心
0.5
6 6
表本體（正面）
une deux trois
⑧翻至正面。
提把（正面）

⑩預留返口，依步驟②至④縫製。

裡本體（背面）
返口8cm
5
1
⑪對齊脇邊&底中心車縫。
⑫修剪縫份。
⑬縫份倒向底側。

3.套疊表本體&裡本體

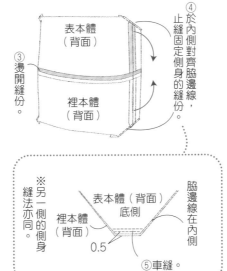

表本體（背面）
②車縫。
1
裡本體（背面）
①表本體&裡本體正面相對疊合。

③燙開縫份。
表本體（背面）
裡本體（背面）
④於內側對齊脇邊線，止縫固定側身的縫份。

※另一側的側身縫法亦同。
表本體（背面）底側
裡本體（背面）
0.5
脇邊線在內側
⑤車縫。

※表・裡本體與提把無原寸紙型，請依標示尺寸（已含縫份）直接裁剪。

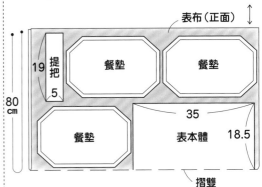

表布（正面）
提把 5
19
餐墊
餐墊
餐墊
35
表本體 18.5
80cm
摺雙
70cm

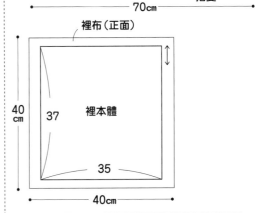

裡布（正面）
40cm
37
裡本體
35
40cm

1.製作提把

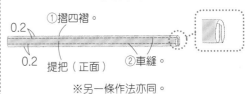

0.2
0.2
①摺四褶。
提把（正面）
②車縫。

※另一條作法亦同。

2.製作表・裡本體

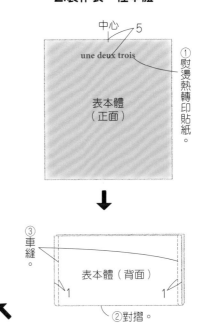

中心 5
une deux trois
表本體（正面）
①熨燙熱轉印貼紙。

③車縫。
表本體（背面）
1
1
②對摺。

完成尺寸
寬9×長19×側身9cm
寬9×長16×側身9cm

原寸紙型
A面

材料（ ■…No.04・ ■…No.05・ ■…通用）

表布（牛津布・亞麻布）25cm×25cm
裡布（棉布）25cm×35cm
單膠鋪棉 25cm×25cm
拉鍊 18cm 1條・15cm 1條
D型環 30mm 1個／熱轉印貼紙

3.製作本體

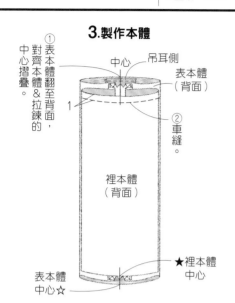

①表本體翻至背面，對齊本體＆拉鍊的中心摺疊。

中心
吊耳側
表本體（背面）
②車縫。
裡本體（背面）
裡本體中心
表本體中心☆

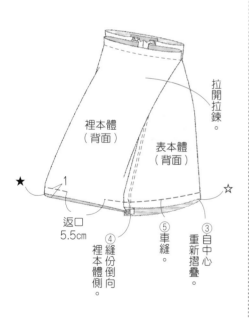

拉開拉鍊。
裡本體（背面）
表本體（背面）
★
返口 5.5cm
④縫份倒向裡本體側。
⑤車縫。
③自中心重新摺疊。

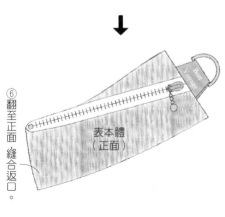

⑥翻至正面，縫合返口。

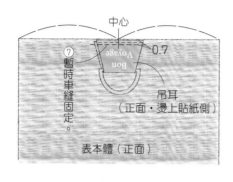

⑦暫時車縫固定。
中心
0.7
吊耳（正面・燙上貼紙側）
表本體（正面）

2.接縫拉鍊

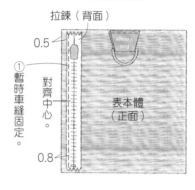

拉鍊（背面）
0.5
①暫時車縫固定。
對齊中心。
表本體（正面）
0.8

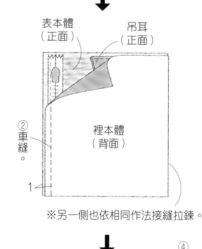

表本體（正面）
吊耳（正面）
②車縫。
裡本體（背面）
1
※另一側也依相同作法接縫拉鍊。

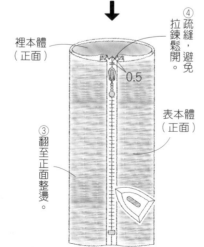

裡本體（正面）
④疏縫拉鍊鬆開，避免拉鍊鬆開。
0.5
表本體（正面）
③翻至正面整燙。

（裁布圖）

※■…No.04・ ■…No.05・ ■…共通

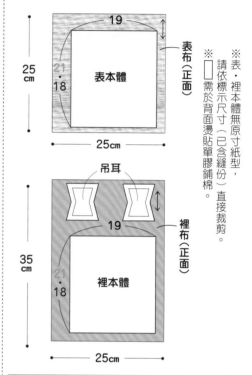

25cm
19
21
18
表本體
25cm
表布（正面）

※表・裡本體無原寸紙型，請依標示尺寸（已含縫份）直接裁剪。
□需於背面燙貼單膠鋪棉。

35cm
吊耳
19
21
18
裡本體
25cm
裡布（正面）

1.製作吊耳

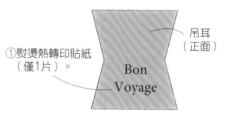

①熨燙熱轉印貼紙（僅1片）。
吊耳（正面）
Bon Voyage

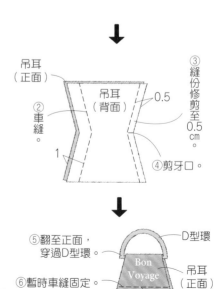

吊耳（正面）
②車縫。
吊耳（背面）
1
0.5
③縫份修剪至0.5cm。
④剪牙口。

⑤翻至正面，穿過D型環。
⑥暫時車縫固定。
D型環
Bon Voyage
吊耳（正面）
0.5

完成尺寸	材料
寬22.5×長39cm	表布（11號帆布）60cm×30cm
原寸紙型	裡布（11號帆布）60cm×65cm
A面	金屬標牌 1個

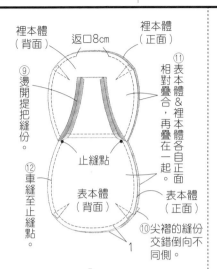

裡本體（背面）　返口8cm　裡本體（正面）
⑨燙開提把縫份。
⑪相對疊合，再疊在一起。表本體&裡本體各自正面
止縫點
⑫車縫至止縫點。
表本體（背面）　表本體（正面）
⑩尖褶的縫份交錯倒向不同側。
1

↓

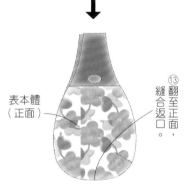

表本體（正面）
⑬翻至正面，縫合返口。

2.縫合提把

①打開提把，正面相對疊合車縫。

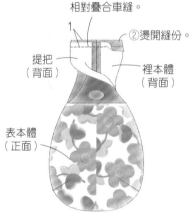

1
②燙開縫份。
提把（背面）
裡本體（背面）
表本體（正面）

↓

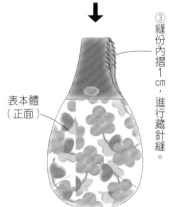

③縫份內摺1cm，進行藏針縫。
表本體（正面）

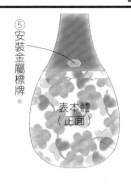

⑤安裝金屬標牌
表本體（正面）

金屬標牌安裝方法

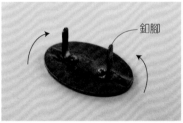

釦腳

❶將背面的釦腳摺成直角。

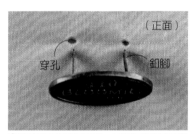

（正面）
穿孔　釦腳

❷對齊布標安裝位置，以錐子等在要穿入釦腳處穿孔。

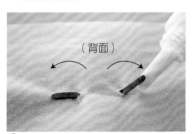

（背面）

❸釦腳穿進孔內，往左右壓倒，再以白膠黏在布上。

↓

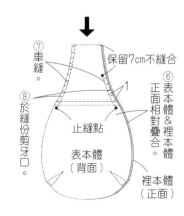

⑦車縫。
保留7cm不縫合
⑥表本體&裡本體正面相對疊合。
⑧於縫份剪牙口。
止縫點
表本體（背面）
裡本體（正面）
1

※另一片表本體&裡本體作法亦同。

裁布圖

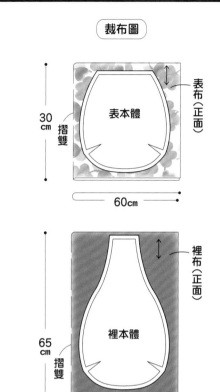

表布（正面）
表本體
30 cm
摺雙
60cm

裡布（正面）
裡本體
65 cm
摺雙
提把
60cm

1.製作本體

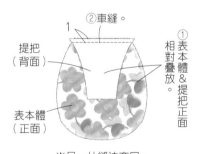

②車縫。
1
提把（背面）
①表本體&提把正面相對疊放。
表本體（正面）

※另一片縫法亦同。

↓

③縫份倒向表本體側。
提把（背面）
表本體（背面）
④尖褶對摺車縫。

※另一片&裡本體的縫法亦同。

完成尺寸	材料
寬6.5×長21×側身6cm	表布（11號帆布）30cm×25cm／圓繩 粗0.3cm 40cm
原寸紙型	裡布（保溫保冷墊）30cm×25cm
無	配布（半亞麻布）30cm×15cm／布標 1片
	附問號鉤・D型環的皮革提把（寬0.8cm 24cm）1組
	羅紋帶 寬1cm 20cm／木珠 直徑1cm 1顆

---

③燙開縫份。

⑥

表本體（背面）

④對齊針腳＆底中心車縫。

表本體（背面）

1

⑤修剪縫份。

※另一側是對齊摺雙邊＆底中心，再依④⑤縫製。

3.套疊表本體＆裡本體

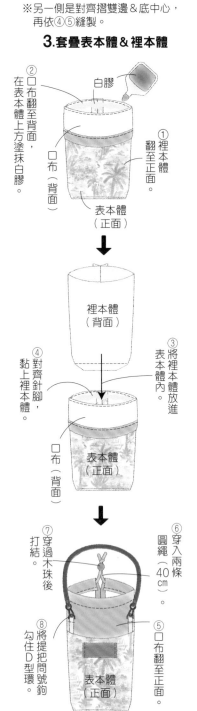

②□布翻至背面，在表本體上方塗抹白膠。

白膠

①裡本體翻至正面。

□布（背面）

表本體（正面）

裡本體（背面）

④對齊針腳，黏上裡本體。

③將裡本體放進表本體內。

□布（背面）

表本體（正面）

⑦穿過木珠後打結。

⑥圓繩穿入兩條（40cm）。

⑤□布翻至正面。

⑧將提把問號鉤勾住D型環。

表本體（正面）

---

5 □布（背面）

止縫點

⑦對摺

⑧車縫。

表本體（背面）

1.5 1

摺雙

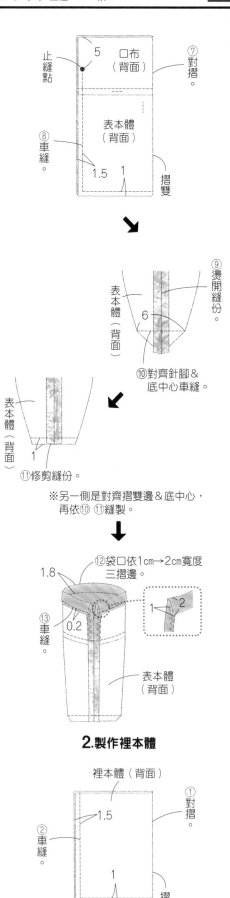

⑨燙開縫份。

表本體（背面）

6

⑩對齊針腳＆底中心車縫。

表本體（背面）

1

⑪修剪縫份。

※另一側是對齊摺雙邊＆底中心，再依⑩⑪縫製。

⑫袋口依1cm→2cm寬度三摺邊。

1.8

1 2

⑬車縫。

0.2

表本體（背面）

2.製作裡本體

裡本體（背面）

①對摺。

②車縫。

1.5

1

摺雙

裁布圖

※標示尺寸已含縫份。

表・裡布（正面）
※裡本體裁法相同。

25cm

20

表・裡本體

28

30cm

配布（正面）

15cm

10

口布

28

30cm

1.製作表本體

D型環

①穿過D型環。

羅紋帶（8cm）
※製作2條。

②兩脇邊進行Z字車縫。

3 0.5

口布（正面）

7 7

③暫時車縫固定。

④車縫。

1

口布（背面）

表本體（正面）

⑤縫份倒向表本體側。

口布（正面）

1 中心

⑥縫上布標。

表本體（正面）

76

完成尺寸
寬20×長11×側身12cm
（提把33cm）

原寸紙型
無

材料
表布（11號帆布）40cm×55cm
裡布（保溫保冷墊）35cm×40cm
配布A（半亞麻布）85cm×35cm
配布B（皮革）15cm×15cm
彈簧壓釦 15mm 1組／皮標 1片

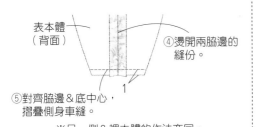

④燙開兩脇邊的縫份。

表本體（背面）

1

⑤對齊脇邊＆底中心，摺疊側身車縫。

※另一側＆裡本體的作法亦同。

⑥翻至正面。

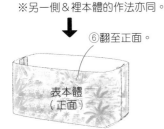

表本體（正面）

4.套疊表本體＆裡本體

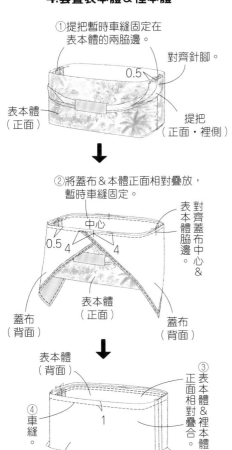

①提把暫時車縫固定在表本體的兩脇邊。

對齊針腳。

0.5

表本體（正面）

提把（正面・裡側）

②將蓋布＆本體正面相對疊放，暫時車縫固定。

中心

0.5　4　　4

對齊蓋布中心＆表本體脇邊。

蓋布（背面）

表本體（正面）

蓋布（背面）

③表本體＆裡本體正面相對疊合。

表本體（背面）

④車縫。

1

裡本體（背面）

蓋布（正面）

⑥以接著劑黏上皮標。

表本體（正面）

9

⑤翻至正面，縫合表本體的返口。

3

1.製作提把

①對摺車縫。

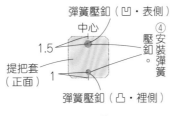

②燙開縫份。

提把（背面）1

提把（正面・裡側）

③翻至正面，針腳置於中心重新摺疊。

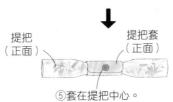

彈簧壓釦（凹・表側）

中心

1.5

1

提把套（正面）

④安裝彈簧壓釦。

彈簧壓釦（凸・裡側）

提把（正面）

提把套（正面）

⑤套在提把中心。

2.製作蓋布

②摺疊左右。

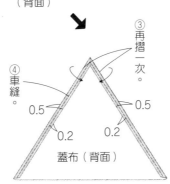

0.5　　0.5

0.5

蓋布（背面）

①摺疊頂點。

0.5

蓋布（背面）

③再摺一次。

④車縫。

0.5　　0.5

0.2　　0.2

蓋布（背面）

※另一片作法亦同。

3.製作表本體＆裡本體

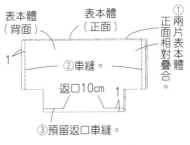

表本體（背面）

表本體（正面）

①兩片表本體正面相對疊合。

1

②車縫。

返口10cm

1

③預留返口車縫。

※裡本體作法亦同（但步驟③不留返口）。

裁布圖

※標示尺寸已含縫份。

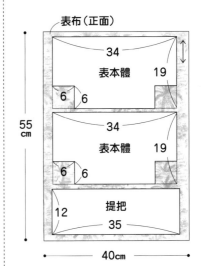

表布（正面）

34
表本體　19
6　6

34
表本體　19
6　6

提把
12
35

55cm

40cm

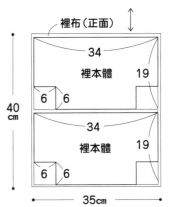

裡布（正面）

34
裡本體　19
6　6

34
裡本體　19
6　6

40cm

35cm

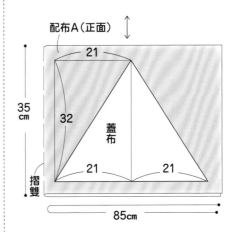

配布A（正面）

21
32
蓋布
21　　21

35cm

摺雙

85cm

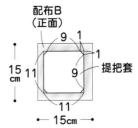

配布B（正面）

9　1
1
11
9
提把套
11

15cm

15cm

完成尺寸	材料
寬14.5×長17.5cm	**表布**（長纖絲光細棉布）35cm×25cm
	裡布（長纖絲光細棉布）70cm×25cm
原寸紙型	**接著襯**（中薄）40cm×25cm
A面	**單膠鋪棉** 70cm×25cm／**布標** 1片
	口金（寬17.5cm 高13cm）1個

P.08_ *No.* *12*
口金布書套

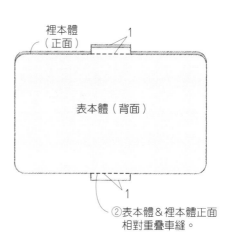

裡本體（正面）

1

表本體（背面）

1

②表本體＆裡本體正面相對重疊車縫。

↓

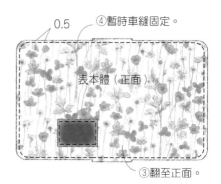

0.5

④暫時車縫固定。

表本體（正面）

③翻至正面。

3.安裝口金

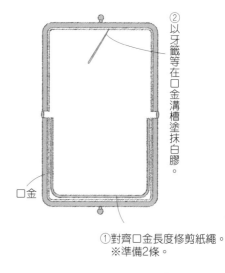

②以牙籤等在口金溝槽塗抹白膠。

口金

①對齊口金長度修剪紙繩。
※準備2條。

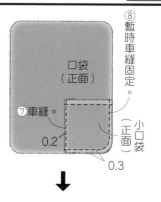

口袋（正面）

⑧暫時車縫固定。

⑦車縫。

0.2

（正面）小口袋

0.3

↓

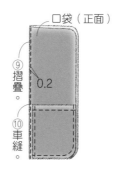

口袋（正面）

⑨摺疊。

0.2

⑩車縫。

※另一側也對摺車縫。

↓

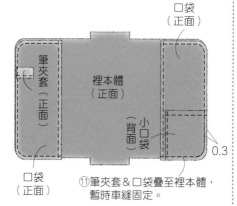

口袋（正面）

筆夾套（正面）

裡本體（正面）

（背面）小口袋

0.3

口袋（正面）

⑪筆夾套＆口袋疊至裡本體，暫時車縫固定。

2.對齊表本體＆裡本體

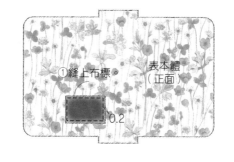

①縫上布標。

表本體（正面）

0.2

裁布圖

※筆夾套無原寸紙型，請依標示尺寸（已含縫份）直接裁剪。
※▨ 需於背面燙貼接著襯。
　□ 需於背面燙貼單膠鋪棉。

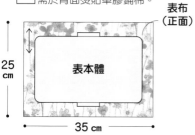

表布（正面）

25cm

表本體

35 cm

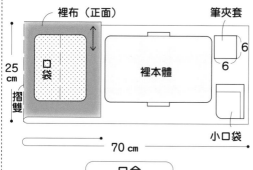

裡布（正面）

筆夾套

6
6

25cm 口袋

摺雙

裡本體

小口袋

70 cm

口金

13 cm

17.5 cm

1.製作裡本體

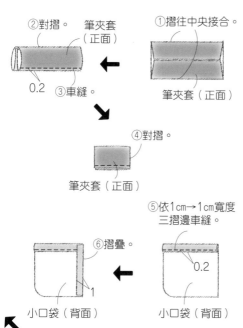

②對摺。

筆夾套（正面）

①摺往中央接合。

0.2

③車縫。

筆夾套（正面）

↓

④對摺。

筆夾套（正面）

⑤依1cm→1cm寬度三摺邊車縫。

⑥摺疊。

0.2

1

小口袋（背面）

小口袋（背面）

78

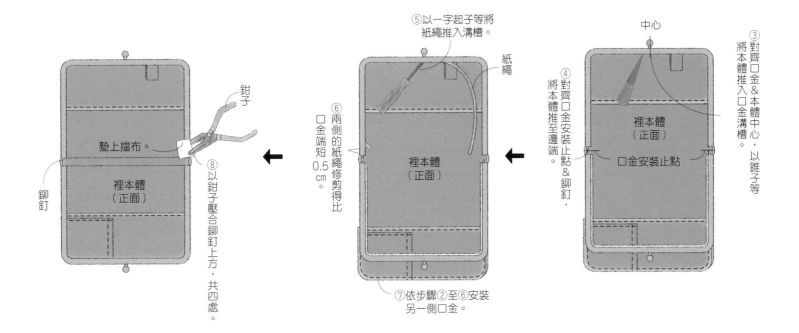

⑤以一字起子等將紙繩推入溝槽。

紙繩

⑥兩側的紙繩修剪得比口金端短0.5cm。

裡本體（正面）

裡本體（正面）

⑦依步驟②至⑥安裝另一側口金。

中心

③對齊口金＆本體中心，將本體推入口金溝槽。

④對齊口金安裝止點＆鉚釘，將本體推至邊端。

裡本體（正面）

口金安裝止點

鉗子

墊上擋布。

裡本體（正面）

鉚釘

⑧以鉗子壓合鉚釘上方，共四處。

完成尺寸	材料	P.12_ No. *15*
寬約15×長約12.5cm	表布（棉厚織79號）20cm×15cm	雲朵杯墊
原寸紙型	配布（亞麻帆布）20cm×20cm	
C面		

---

⑥翻至正面。

⑦車縫。

前本體（正面）

0.2

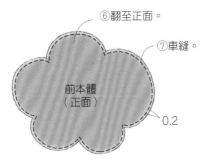

⑧縫合返口。

下後本體（正面）

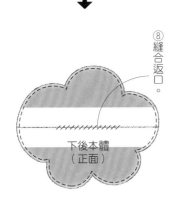

1.製作本體

0.5

①車縫。

返口 8 cm

下後本體（背面）

上後本體（正面）

②燙開縫份。

上後本體（背面）

下後本體（背面）

⑤於縫份剪0.3cm牙口。

前本體（正面）

④在凹角剪0.4cm牙口。

下後本體（背面）

③車縫。

0.5

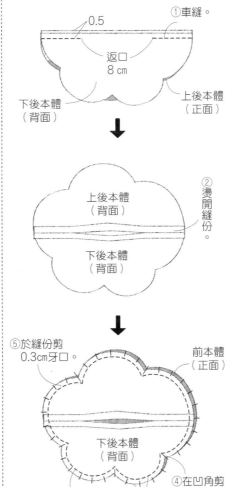

裁布圖

表布（正面）

前本體

15 cm

20cm

裡布（正面）

上後本體

下後本體

20 cm

20cm

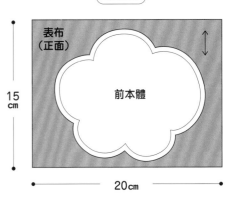

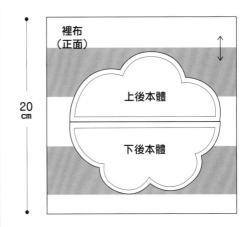

<table>
<tr><td colspan="2">

完成尺寸

寬19.5×長10cm
寬15×長7×側身4cm

原寸紙型

A面
</td><td>

材料（■…No.07・■…No.08・■…通用）

表布（11號帆布）45cm×25cm
裡布（細棉麻布）45cm×25cm
單膠鋪棉（薄）45cm×25cm
彈簧壓釦 15mm 1組
金屬標牌 1個
透明文件夾 15cm×20cm
</td></tr>
</table>

P.06_ No.07

山形眼鏡波奇包

P.06_ No.08

眼鏡波奇包

---

3. 製作裡本體

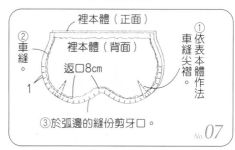

②車縫。
①依表本體作法車縫尖褶
裡本體（正面）
裡本體（背面）
返口8cm
③於弧邊的縫份剪牙口。
No. 07

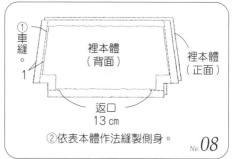

①車縫。
裡本體（背面）
裡本體（正面）
返口 13cm
②依表本體作法縫製側身。
No. 08

4. 套疊表本體＆裡本體

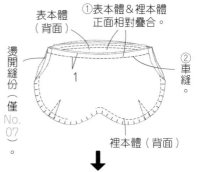

表本體（背面）
①表本體＆裡本體正面相對疊合。
②車縫。
燙開縫份（僅No.07）。
裡本體（背面）

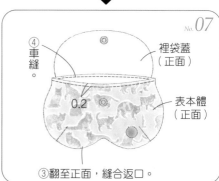

④車縫。
裡袋蓋（正面）
0.2
表本體（正面）
③翻至正面，縫合返口。
No. 07

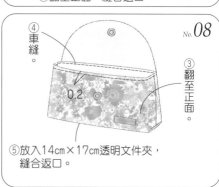

④車縫。
0.2
③翻至正面。
⑤放入14cm×17cm透明文件夾，縫合返口。
No. 08

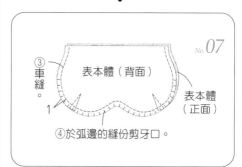

①安裝彈簧壓釦（凹・裡側）。
表本體（正面）
②在喜歡的位置安裝金屬標牌。

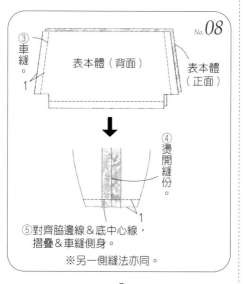

③車縫。
表本體（背面）
表本體（正面）
④於弧邊的縫份剪牙口。
No. 07

③車縫。
表本體（背面）
表本體（正面）
④燙開縫份。
⑤對齊脇邊線＆底中心線，摺疊＆車縫側身。
※另一側縫法亦同。
No. 08

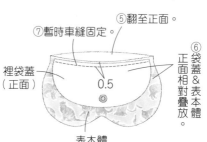

⑦暫時車縫固定。
⑤翻至正面。
⑥袋蓋＆表本體正面相對疊放。
裡袋蓋（正面）
0.5
表本體（正面・無安裝彈簧壓釦側）

裁布圖

※表・裡本體、口布與提把無原寸紙型，請依標示尺寸（已含縫份）直接裁剪。
※□□□處需於背面沿完成線燙貼單膠鋪棉（僅裡布）。

表・裡布（正面）
※裡布裁法相同。 *No. 07*

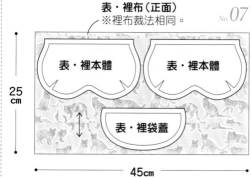

表・裡本體　表・裡本體
表・裡袋蓋
25cm
45cm

表・裡布（正面）
※裡布裁法相同。 *No. 08*

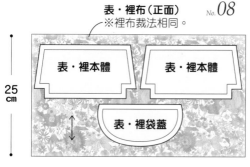

表・裡本體　表・裡本體
表・裡袋蓋
25cm
45cm

※除了指定處之外，No.07、No.08作法相同。

1. 製作袋蓋

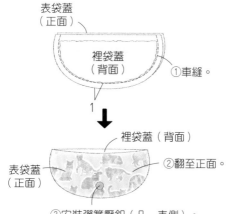

表袋蓋（正面）
裡袋蓋（背面）
①車縫。
裡袋蓋（背面）
表袋蓋（正面）
②翻至正面。
③安裝彈簧壓釦（凸・表側）。

2. 製作表本體

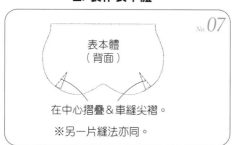

表本體（背面）
在中心摺疊＆車縫尖褶。
※另一片縫法亦同。
No. 07

材料（ ■…No.13・ □…No.14・ ■…通用）

表布（防水布）60cm×40cm・35cm×30cm
裡布（棉布）60cm×40cm・35cm×30cm
塑膠四合釦 13mm 1組
FLATKNIT拉鍊 8cm 1條

P.08_ No.13
雙口袋口罩波奇包

P.08_ No.14
拉鍊卡片包

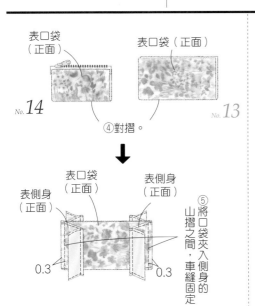

表口袋（正面）

_No.14_

表口袋（正面）

_No.13_

④對摺。

↓

表側身（正面）

表口袋（正面）

表側身（正面）

0.3   0.3

⑤將口袋夾入側身的山摺之間，車縫固定。

3.本體縫上口袋

裡本體（正面）   表側身（正面）

表口袋（正面）

表口袋（正面）

0.3

①將側身疊至裡本體上車縫。

※另一側作法亦同。

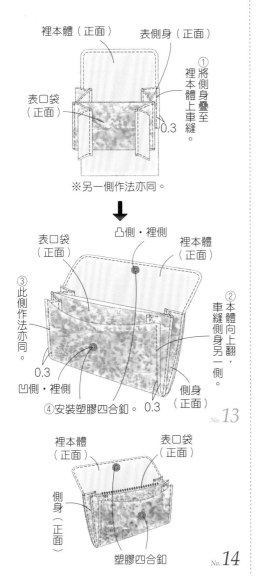

表口袋（正面）   凸側・裡側   裡本體（正面）

③此側作法亦同。

0.3   凹側・裡側   側身（正面）

④安裝塑膠四合釦。 0.3

_No.13_

裡本體（正面）   表口袋（正面）

側身（正面）

塑膠四合釦

_No.14_

②本體向上翻，車縫側身另一側。

---

③車縫。

表側身（正面）

0.2

0.2

②翻至正面。

④摺疊。

0.2   0.2

⑤沿谷摺邊車縫。

裡側身（正面）

※另一側作法亦同。

3.製作口袋

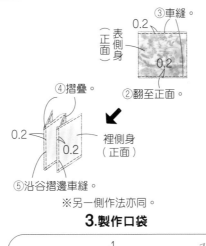

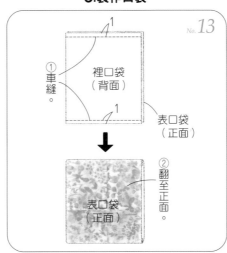

①車縫。

裡口袋（背面）

1

1

表口袋（正面）

↓

②翻至正面。

表口袋（正面）

_No.13_

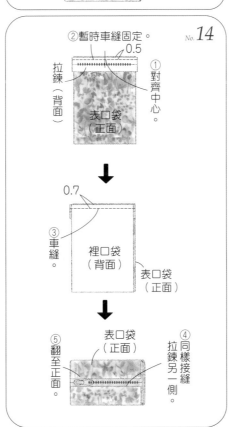

②暫時車縫固定。

0.5

拉鍊（背面）

①對齊中心。

表口袋（正面）

_No.14_

↓

0.7

③車縫。

裡口袋（背面）

表口袋（正面）

↓

⑤翻至正面。

表口袋（正面）

④同樣接縫拉鍊另一側。

裁布圖

※表・裡口袋無原寸紙型，請依標示尺寸（已含縫份）直接裁剪。

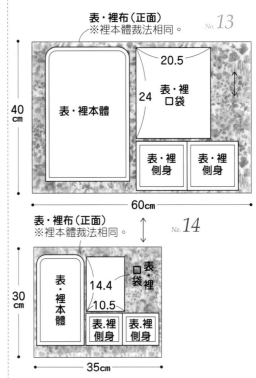

表・裡布（正面）
※裡本體裁法相同。   _No.13_

40cm

表・裡本體

20.5
24
表・裡口袋

表・裡側身   表・裡側身

60cm

表・裡布（正面）
※裡本體裁法相同。   _No.14_

30cm

表・裡本體

14.4
10.5
口袋表・裡

表・裡側身   表・裡側身

35cm

---

1. 製作本體

①車縫。

返口7cm

裡本體（背面）

1

表本體（正面）

↓

0.2

③車縫。

側身接縫位置

表本體（正面）

②翻至正面。

2.製作側身

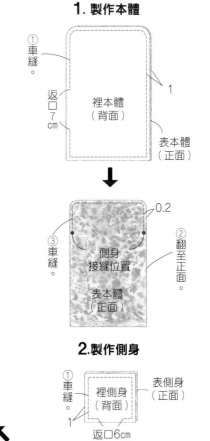

①車縫。

裡側身（背面）

1

表側身（正面）

返口6cm

裁布圖

※標示尺寸已含縫份。

表布（正面）

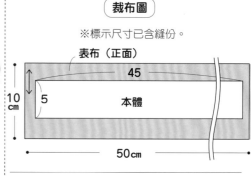

45

5 本體

10 cm

50cm

⑥車縫。

0.2 本體（正面）

1

20

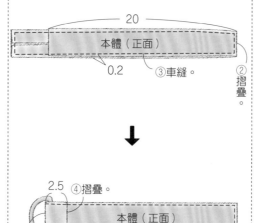

本體（正面）

0.2 ③車縫。

②摺疊。

1.製作本體

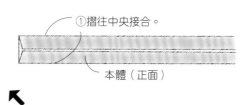

①摺往中央接合。

本體（正面）

2.安裝四合釦

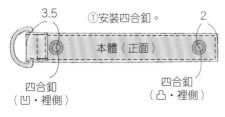

3.5 ①安裝四合釦。 2

本體（正面）

四合釦
（凹・裡側）

四合釦
（凸・裡側）

2.5 ④摺疊。

本體（正面）

1

⑤穿過D型環後內摺。

 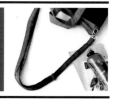
裁布圖

※標示尺寸已含縫份。

疊緣（正面）

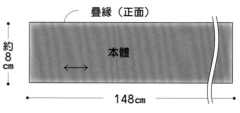

約8cm 本體

148cm

2. 穿過日型環

日型環（背面）

①穿過日型環。 ②摺疊。

1.5

3.5 1.5 0.2

1.5

③車縫。

本體（正面・裡側）

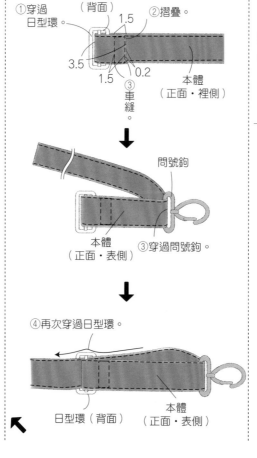

問號鉤

3.5 1.5

0.2 1.5

⑤另一端穿過問號鉤後，
車縫固定。

本體
（正面・裡側）

日型環

問號鉤

本體（正面・表側）

③穿過問號鉤。

④再次穿過日型環。

日型環（背面）

本體（正面・表側）

1. 製作本體

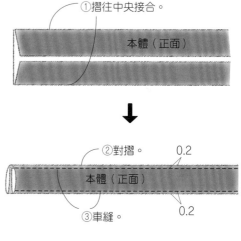

①摺往中央接合。

本體（正面）

②對摺。 0.2

本體（正面）

③車縫。 0.2

完成尺寸	材料
寬18×長28×側身13cm	表布（11號帆布）112cm×50cm
原寸紙型	裡布（棉布）20cm×30cm
C面	鈕釦 1.2cm 1顆
	魔鬼氈 寬2.5cm×15cm

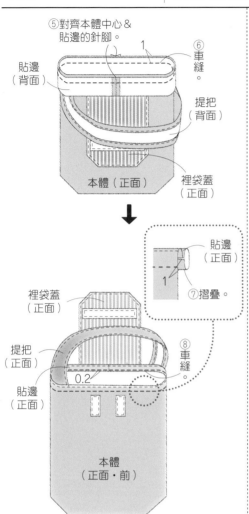

⑤對齊本體中心&貼邊的針腳。

貼邊（背面）

⑥車縫。

提把（背面）

本體（正面）

裡袋蓋（正面）

貼邊（正面）

1

⑦摺疊。

裡袋蓋（正面）

提把（正面）

0.2

貼邊（正面）

⑧車縫。

本體（正面·前）

5.完成！

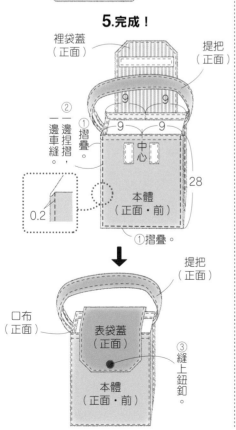

裡袋蓋（正面）

提把（正面）

②一邊捏摺，一邊車縫。

9 9
9 9

①摺疊。

中心

本體（正面·前）

28

0.2

①摺疊。

提把（正面）

口布（正面）

表袋蓋（正面）

③縫上鈕釦。

本體（正面·前）

3.製作本體

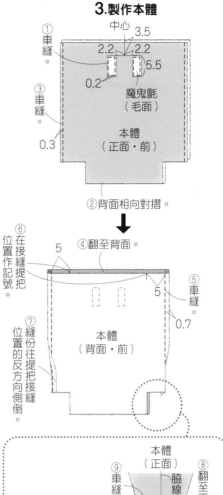

①車縫。

中心 3.5
2.2 2.2
5.5
0.2

魔鬼氈（毛面）

③車縫。

本體（正面·前）

0.3

②背面相向對摺。

④翻至背面。

5

⑥在接縫提把位置作記號。

⑦縫份往提把接縫位置的反方向側倒。

5

⑤車縫。

0.7

本體（背面·前）

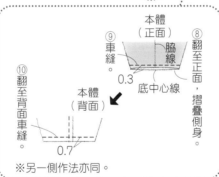

本體（正面）

⑨車縫。

脇線

⑧翻至正面，摺疊側身。

0.3

底中心線

⑩翻至背面車縫。

本體（背面）

0.7

※另一側作法亦同。

4.接縫袋蓋&提把

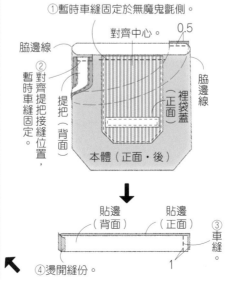

①暫時車縫固定於無魔鬼氈側。

對齊中心。 0.5

脇邊線

②對齊提把接縫位置，暫時車縫固定。

提把（背面）

裡袋蓋（正面）

脇邊線

本體（正面·後）

貼邊（背面）

貼邊（正面）

③車縫。

④燙開縫份。

1

裁布圖

※除了表·裡袋蓋之外皆無原寸紙型，請依標示尺寸（已含縫份）直接裁剪。

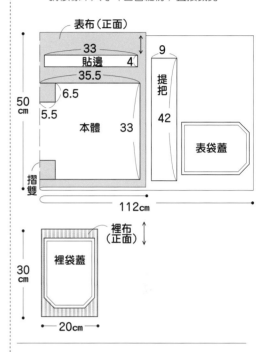

表布（正面）

33
貼邊 4
35.5
6.5
5.5
50cm
摺雙

本體 33

9
提把 42

表袋蓋

112cm

裡布（正面）

裡袋蓋

30cm

20cm

1.製作袋蓋

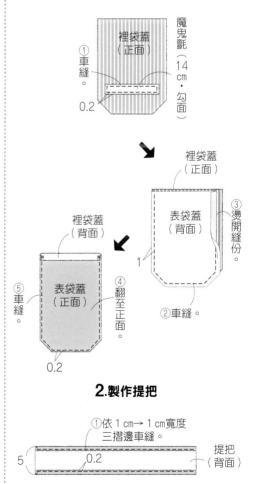

裡袋蓋（正面）

魔鬼氈（14cm·勾面）

①車縫。

0.2

裡袋蓋（正面）

裡袋蓋（背面）

表袋蓋（背面）

③燙開縫份。

1

表袋蓋（正面）

⑤車縫。

④翻至正面。

②車縫。

0.2

2.製作提把

①依1cm→1cm寬度三摺邊車縫。

5

0.2

提把（背面）

完成尺寸	材料
寬40×長38cm（提把60cm）	表布A（11號帆布）112cm×30cm
原寸紙型	表布B（11號帆布）70cm×30cm
無	表布C（11號帆布）112cm×40cm
	表布D（亞麻帆布）15cm×15cm
	裡布（棉厚織79號）112cm×50cm

2.接縫口袋

①將布邊摺向正面側。 1.2 / 0.2
②車縫。
口袋（正面）
0.8
③摺疊。

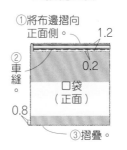

H（正面）10
④暫時車縫固定。
口袋（正面）
0.5　0.5
⑤車縫。 0.7 0.2

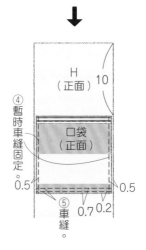

3.製作表本體

I（正面）
③車縫。
②燙開縫份。
0.2 / 0.2
J（正面）

①車縫。
1
I（背面）
J（正面）

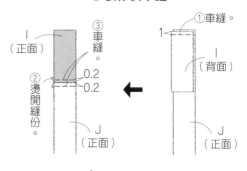

B / ② / C / ③
A / ④ / H / I
D / ⑥ / 口袋
E ⑤ / F / ⑦ / J / ①
⑧
78　42

④依照①至③作法，比照①至⑧順序拼接縫合。

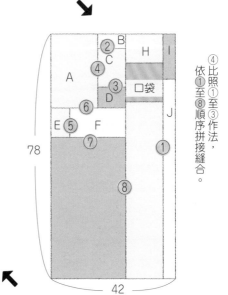

裁布圖

※標示尺寸已含縫份。

表布A（正面）
C 11 / E 11 / 8 / 14
H 78 / 14 / A 25 / 17
30cm / 112cm

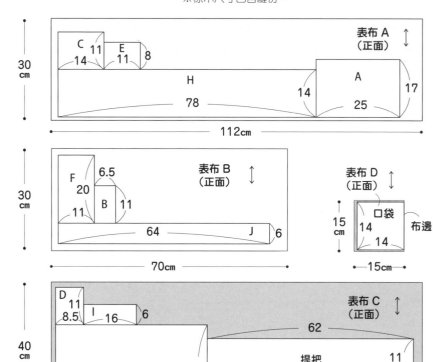

表布B（正面）
F 20 / 6.5 / B 11 / 11
64 / J 6
30cm / 70cm

表布D（正面）
口袋 14 / 14 / 布邊
15cm / 15cm

表布C（正面）
D 11 / 8.5 / I 16 / 6
62
G 26 / 提把 11 / 46 / 提把 11
40cm / 112cm

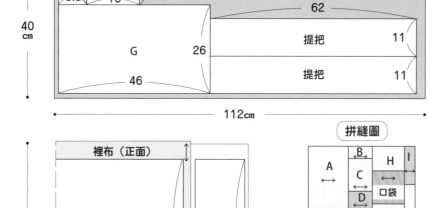

裡布（正面）
裡本體 42 / 內口袋 42
38.7 / 15
摺雙
50cm / 112cm

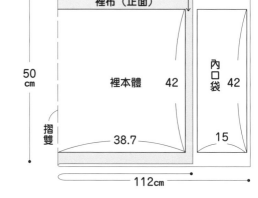

拼縫圖

A / B / C / H / I / D / 口袋 / E / F / J / G

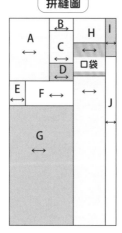

1.製作提把

①摺往中央接合。
提把（正面）
②對摺。
提把（正面）
0.2
③車縫。

※另一條作法亦同。

5.套疊表本體&裡本體

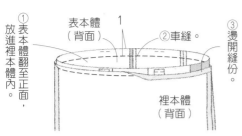

① 表本體翻至正面，放進裡本體內。

表本體（背面） 1
②車縫。
③燙開縫份。
裡本體（背面）

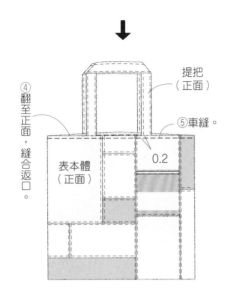

④翻至正面，縫合返口。
提把（正面）
⑤車縫。
0.2
表本體（正面）

4.製作裡本體

①寬度1cm 依1cm 三摺邊
0.2
②車縫
內口袋（正面）

⑥門止縫。
0.5

0.7
③摺疊。

裡本體（正面）

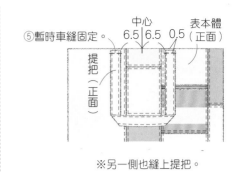

14 13 10
0.5 內口袋（正面） 0.5
0.5
0.2
⑤車縫。 ④車縫。
⑦暫時車縫固定。

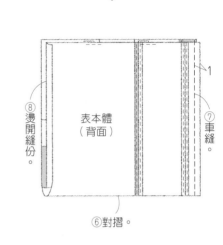

1
⑩燙開縫份。
裡本體（背面）
⑨車縫。
返口13cm（僅單側）
⑧對摺。

（右上）

⑤暫時車縫固定。
中心
6.5 6.5 0.5
表本體（正面）
提把（正面）

※另一側也縫上提把。

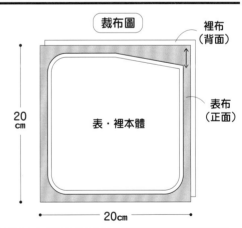

1
⑧燙開縫份。
表本體（背面）
⑦車縫。
⑥對摺。

完成尺寸	材料	
寬8×長17cm	表布（棉10號石蠟帆布）20cm×20cm	**P.13_ No.19**
原寸紙型	裡布（棉布）20cm×20cm	**眼鏡收納袋**
C面	雙面固定釦（釦頭直徑6mm釦腳6mm）2組	

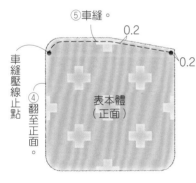

⑤車縫。
0.2
0.2
車縫壓線止點
④翻至正面。
表本體（正面）

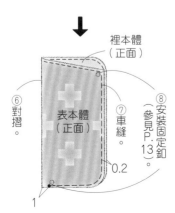

裡本體（正面）
⑥對摺。
表本體（正面）
⑦車縫。
0.2
⑧安裝固定釦（參見P.13）
1

裡本體（正面）
②於弧邊的縫份剪0.3cm牙口。
表本體（背面）

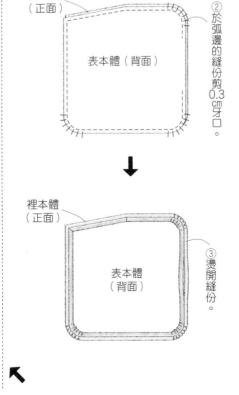

裡本體（正面）
表本體（背面）
③燙開縫份。

裁布圖
裡布（背面）
表布（正面）
20cm
表・裡本體
20cm

1.製作本體

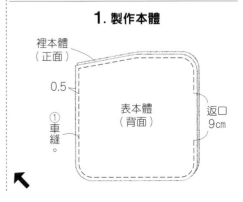

裡本體（正面）
0.5
①車縫。
表本體（背面）
返口9cm

完成尺寸
頭圍58cm

原寸紙型
C面

材料
表布（棉麻帆布）75cm×70cm
裡布（棉布）55cm×25cm／疊緣 寬約8cm 70cm
定型止汗帶 寬3cm 65cm／接著襯（見P.14）75cm×70cm
附接合管的塑型塑膠條 直徑1.3mm 105cm

裁布圖

※裝飾帶A・B無原寸紙型，請依標示尺寸
（已含縫份）直接裁剪。
※ □ 需於背面沿完成線燙貼接著襯。

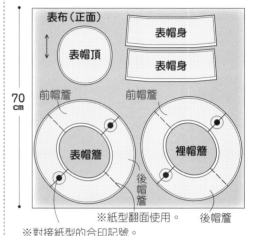

表布（正面）
表帽頂
表帽身
表帽身
前帽簷　前帽簷
表帽簷　裡帽簷
後帽簷
70cm
※紙型翻面使用。　後帽簷
※對接紙型的合印記號。
75cm

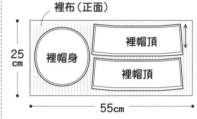

裡布（正面）
裡帽頂
裡帽身
裡帽頂
25cm
55cm

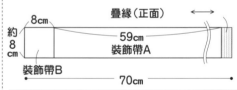

疊緣（正面）
8cm
59cm
裝飾帶A
約8cm
裝飾帶B
70cm

1. 製作帽身

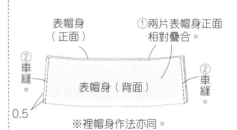

表帽身（正面）
①兩片表帽身正面相對疊合。
②車縫。
表帽身（背面）
②車縫。
0.5
※裡帽身作法亦同。

0.2
表帽身（正面）

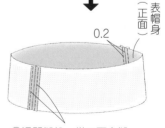

③燙開縫份，從正面車縫。

---

④正面相對疊放表帽頂，對齊合印車縫。
前中心　脇邊　表帽頂（背面）
脇邊　後中心
0.5
表帽身（背面）

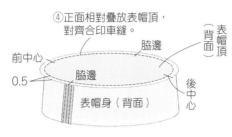

⑥從正面車縫。
0.2
表帽頂（背面）
⑤燙開縫份。
表帽身（背面）

※依①至⑤製作裡帽頂＆裡帽身。

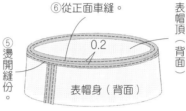

⑦表・裡帽身背面相對疊合，暫時車縫固定。
裡帽身（正面）
0.5
表帽身（正面）

2. 製作帽簷

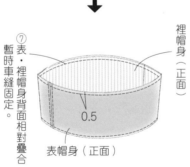

①表・裡帽簷正面相對疊合。
0.5
表帽簷（背面）
裡帽簷（正面）
②車縫。
③燙開縫份。

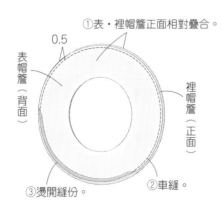

---

④將接合管剪至3cm。
接合管
⑥作成塑膠條兩端穿入接合管中，作成輪狀。
塑膠條
⑤將塑膠條裁成帽簷外圍尺寸（110cm）。

⑧車縫。
⑦將塑膠條放入帽簷的內側。
0.5
0.5
塑膠條
表帽簷（正面）
⑨暫時車縫固定。

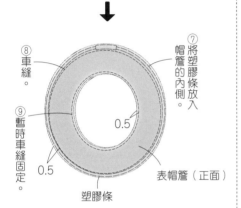

3. 對齊帽身＆帽簷

裡帽身（正面）
①帽身＆帽簷正面相對疊合。
1
②車縫。
裡帽簷（正面）

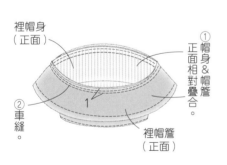

定型止汗帶（正面）

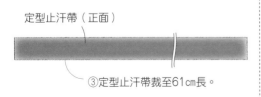

③定型止汗帶裁至61cm長。

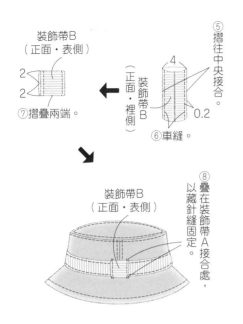

- 裝飾帶B（正面・表側）
- 2
- 2
- ⑦摺疊兩端。
- ⑤摺往中央接合。
- 裝飾帶B（正面・裡側）
- 0.2
- ⑥車縫。
- 4
- 裝飾帶B（正面・表側）
- ⑧疊在裝飾帶A接合處，以藏針縫固定。

4. 接縫裝飾帶

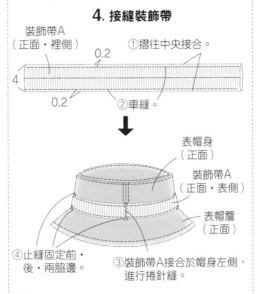

- 裝飾帶A（正面・裡側）
- ①摺往中央接合。
- 0.2
- 0.2
- 4
- ②車縫。
- 表帽身（正面）
- 裝飾帶A（正面・表側）
- 表帽簷（正面）
- ④止縫固定前・後・兩脇邊。
- ③裝飾帶A接合於帽身左側，進行捲針縫。

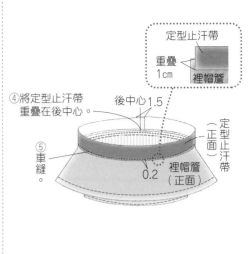

- 定型止汗帶
- 重疊1cm
- 裡帽簷
- ④將定型止汗帶重疊在後中心。
- 後中心1.5
- ⑤車縫。
- 定型止汗帶（正面）
- 0.2
- 裡帽簷（正面）

完成尺寸	材料
寬23×長32.5cm	表布（10號石蠟帆布）60cm×40cm
原寸紙型	裡布（棉軋別丁）60cm×40cm
無	PVC膠板（厚1.5mm）25cm×35cm
	接著襯（參見P.12）60cm×40cm
	磁釦 14mm 1組

P.12_ No.18 文件夾

3.放入PVC膠板

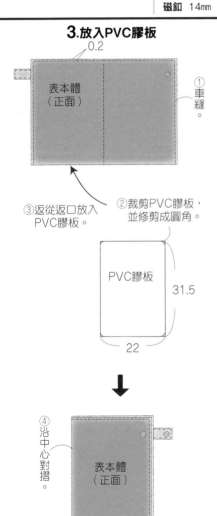

- 0.2
- 表本體（正面）
- ①車縫。
- ③返從返口放入PVC膠板。
- ②裁剪PVC膠板，並修剪成圓角。
- PVC膠板 31.5 / 22
- ④沿中心對摺。
- 表本體（正面）
- 0.5
- ⑤避開PVC膠板車縫。

2.製作本體

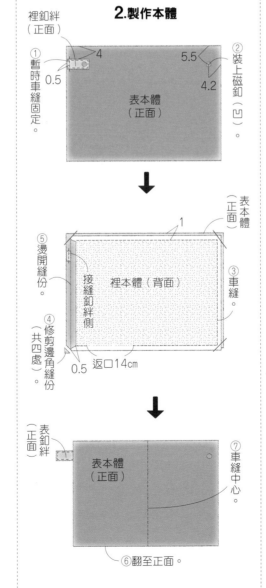

- 裡釦絆（正面）
- ①暫時車縫固定。
- 4
- 0.5
- 5.5
- 4.2
- ②裝上磁釦（凹）。
- 表本體（正面）
- 表本體（正面）
- ⑤燙開縫份。
- 1
- 接縫釦絆側
- 裡本體（背面）
- ③車縫。
- ④修剪邊角縫份（共四處）。
- 0.5
- 返口14cm
- 表釦絆（正面）
- 表本體（正面）
- ⑦車縫中心。
- ⑥翻至正面。

裁布圖

※標示尺寸已含縫份。
※▨ 需於背面沿完成線燙貼接著襯。

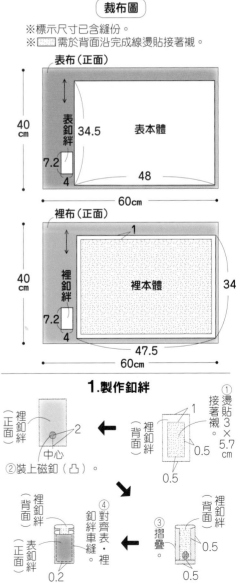

- 表布（正面）
- 表釦絆
- 34.5
- 表本體
- 40cm
- 7.2
- 4
- 48
- 60cm
- 裡布（正面）
- 1
- 裡釦絆
- 裡本體
- 40cm
- 34
- 7.2
- 4
- 47.5
- 60cm

1.製作釦絆

- ①燙貼接著襯3×5.7cm
- 裡釦絆（背面）
- 1
- 0.5
- 0.5
- ②裝上磁釦（凸）。
- 裡釦絆（正面）
- 中心
- 2
- ③摺疊
- 0.5
- ④對齊表・裡釦絆車縫
- 裡釦絆（背面）
- 表釦絆（正面）
- 0.2
- 0.5

4.縫上口袋

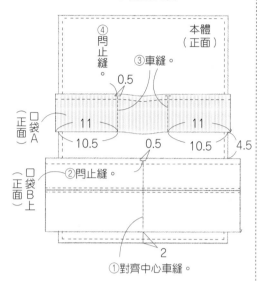

本體（正面）
④閂止縫。
③車縫。
0.5
口袋A（正面）
11　11
10.5　0.5　10.5　4.5
②閂止縫。
口袋B上（正面）
①對齊中心車縫。
2

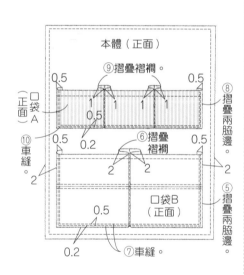

本體（正面）
0.5　⑨摺疊褶襉。　0.5
口袋A（正面）
1　1　1
0.5
⑧摺疊兩脇邊。
⑩車縫。
0.5　0.2　⑥摺疊褶襉　0.5
2　2　2
口袋B（正面）
2
⑤摺疊兩脇邊。
0.5
0.2　⑦車縫。

5.安裝雞眼釦

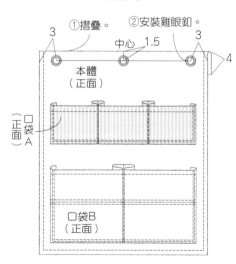

①摺疊。　②安裝雞眼釦。
3　中心 1.5　3
本體（正面）
4
口袋A（正面）
口袋B（正面）

⑦縫份剪成0.3cm後燙開。
0.3
⑧翻至正面。
本體（背面）
※共縫製四個角。

2. 製作本體

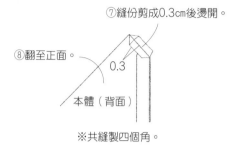

4　對齊中心。
9　9
①沿摺痕摺三褶車縫。
②燙貼3cm×3cm接著襯。
本體（背面）
1
布紋
0.2
30

3.製作口袋

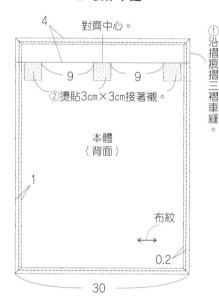

①摺疊車縫。　1
0.2　口袋A（背面）
②沿圖案邊界處（白色部分）摺疊。　約0.5
③沿圖案邊界處車縫。
約0.5　口袋B上（正面）
口袋B下（背面）

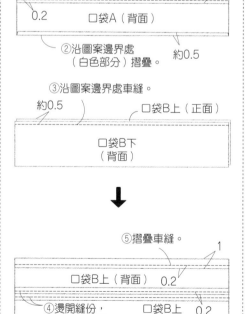

⑤摺疊車縫。　1
口袋B上（背面）　0.2
④燙開縫份，從正面車縫。　口袋B上（背面）　0.2
⑥沿圖案邊界處摺疊。　約0.5

裁布圖

※標示尺寸已含縫份。

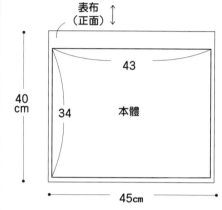

表布（正面）
43
40cm　34　本體
45cm

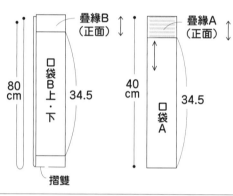

疊緣B（正面）
80cm　口袋B上・下　34.5
疊緣A（正面）
40cm　口袋A　34.5
摺雙

1. 縫製邊角

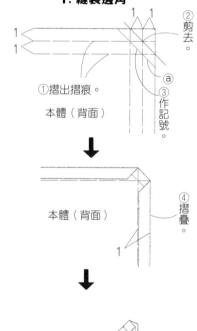

1　1
1　1
②剪去。
①摺出摺痕。
ⓐ
③作記號。
本體（背面）
本體（背面）
④摺疊。
1
⑤摺疊。
本體（背面）
⑥沿ⓐ車縫。

完成尺寸	材料
寬12.5×長9.5cm	**疊緣** 寬約8cm 140cm
原寸紙型	**配布**（棉布）45cm×5cm
無	**接著襯**（中薄）40cm×5cm
	暗釦 1cm 1組

P.14_ No.22
隨身面紙套波奇包

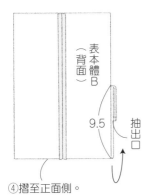

④摺至正面側。

4. 對齊表本體A·B

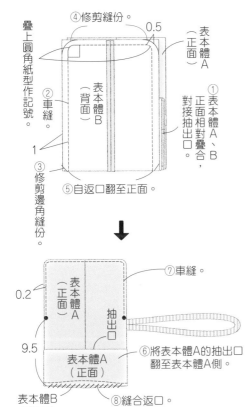

- ④修剪縫份。 0.5
- 疊上圓角紙型作記號。
- 表本體A（正面）
- ②車縫。
- 表本體B（背面）
- ①表本體A、B正面相對疊合，對接抽出口。
- 1
- ③修剪邊角縫份
- ⑤自返口翻至正面。

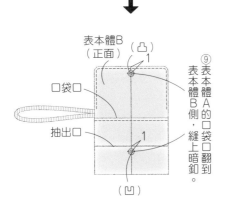

- ⑦車縫。
- 0.2
- 表本體A（正面）
- 抽出口
- 9.5
- 表本體A（正面）
- ⑥將表本體A的抽出口翻至表本體A側。
- 表本體B（背面）
- ⑧縫合返口。

- 表本體B（正面）（凸）
- □袋口
- 抽出口
- 1
- （凹）
- ⑨表本體B側的□袋口翻到表本體A側，縫上暗釦。

---

2. 製作表本體A

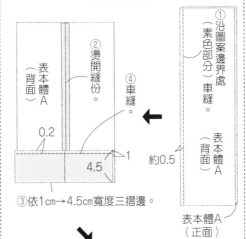

- ①沿圖案邊界處（素色部分）車縫。
- 表本體A（背面）
- ②燙開縫份。
- ④車縫。
- 0.2
- 4.5
- 1
- ③依1cm→4.5cm寬度三摺邊。
- 約0.5
- 表本體A（背面）
- 表本體A（正面）

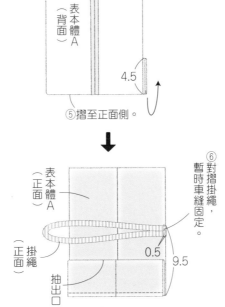

- 表本體A（背面）
- 4.5
- ⑤摺至正面側。

- 表本體A（正面）
- ⑥對摺掛繩，暫時車縫固定。
- 掛繩（正面）
- 0.5
- 9.5
- 抽出口

3. 製作表本體B

①依**2.**-①②縫製2片表本體B。

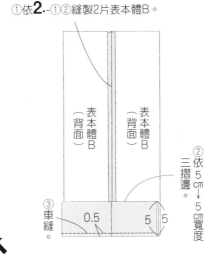

- 表本體B（背面）
- 表本體B（背面）
- ②依5cm三摺邊。
- ③車縫。
- 0.5
- 5
- 5
- 5cm寬度

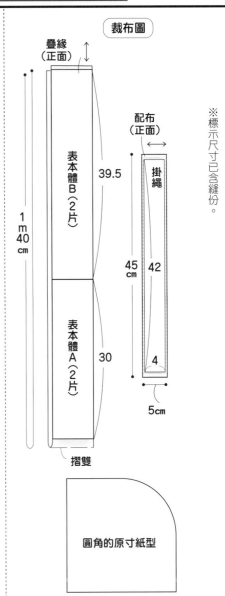

- 疊緣（正面）
- 1 m 40 cm
- 表本體B（2片） 39.5
- 表本體A（2片） 30
- 摺雙
- 配布（正面）
- 掛繩 42
- 45 cm
- 4
- 5cm
- ※標示尺寸已含縫份。

圓角的原寸紙型

1. 製作掛繩

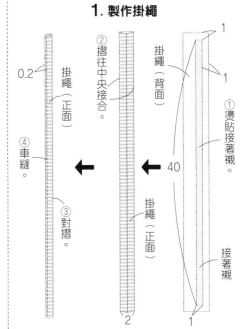

- 0.2
- 掛繩（正面）
- ②摺往中央接合。
- 掛繩（正面）
- ④車縫。
- ③對摺。
- 掛繩（背面）
- 掛繩（正面）
- ①燙貼接著襯。
- 40
- 接著襯
- 1
- 1
- 2
- 1

完成尺寸	材料
高25×袋底直徑24cm	表布（11號帆布）112cm×55cm
原寸紙型	疊緣 寬約8cm 250cm
C面	接著襯（參見P.15）80cm×45cm

水桶托特包

5.製作裡本體

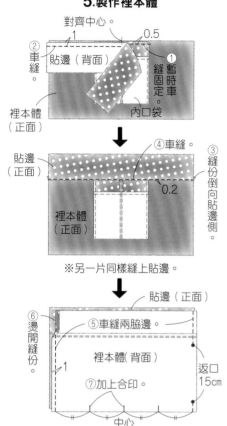

對齊中心。

②車縫。

貼邊（背面）

裡本體（正面）

內口袋

①縫份暫時車縫固定。

0.5

1

④車縫。

③縫份倒向貼邊側。

貼邊（正面）

0.2

裡本體（正面）

※另一片同樣縫上貼邊。

貼邊（正面）

⑤車縫兩脇邊。

⑥燙開縫份。

裡本體（背面）

1

返口15cm

⑦加上合印。

中心

⑧依3.-⑤⑥⑦作法，將裡本體＆裡底正面相對疊合車縫。

6.套疊表本體＆裡本體

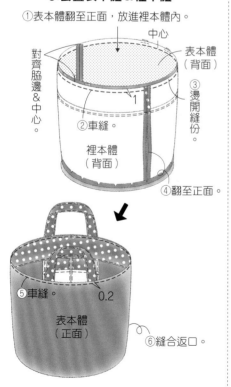

①表本體翻至正面，放進裡本體內。

中心

對齊脇邊＆中心。

表本體（背面）

②車縫。

③燙開縫份。

裡本體（背面）

④翻至正面。

⑤車縫。

0.2

表本體（正面）

⑥縫合返口。

3.製作表本體

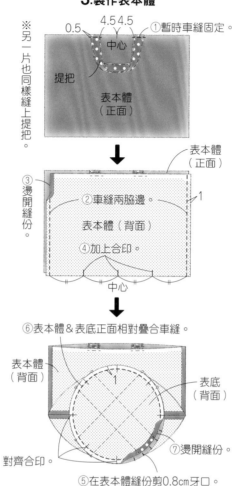

※另一片也同樣縫上提把。

①暫時車縫固定。

0.5 4.5 4.5

中心

提把

表本體（正面）

③燙開縫份。

②車縫兩脇邊。

表本體（背面）

1

表本體（正面）

④加上合印。

中心

⑥表本體＆表底正面相對疊合車縫。

表本體（背面）

1

表底（背面）

⑦燙開縫份。

對齊合印。

⑤在表本體縫份剪0.8cm牙口。

4.製作內口袋

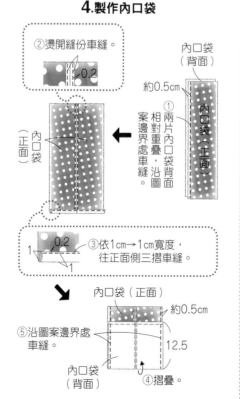

②燙開縫份車縫。

0.2

內口袋（背面）

約0.5cm

①兩片相對重疊，內口袋背面案邊界處車縫，沿圖。

內口袋（正面）

1 0.2 ③依1cm→1cm寬度，往正面側三摺車縫。

1

內口袋（正面）

約0.5cm

⑤沿圖案邊界處車縫。

12.5

④摺疊。

內口袋（背面）

裁布圖

※除了表・裡底之外皆無原寸紙型，請依標示尺寸（已含縫份）直接裁剪。

※ ▨ 需於背面的指定位置燙貼接著襯。

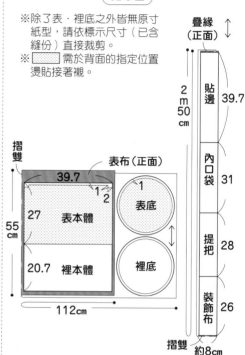

疊緣（正面）

貼邊 39.7

內口袋 31

提把 28

裝飾布 26

2m50cm

摺雙

39.7

表布（正面）

1
2

27 表本體

1 表底

20.7 裡本體

裡底

55cm

112cm

摺雙

約8cm

1.製作提把

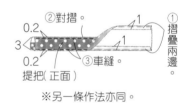

②對摺。

①摺疊兩邊。

1

1

0.2

3

0.2

③車縫。

提把（正面）

※另一條作法亦同。

2.製作表底

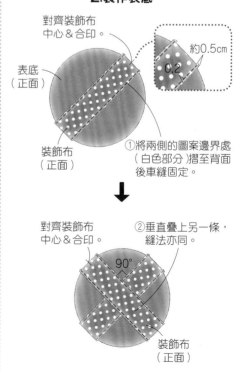

對齊裝飾布中心＆合印。

約0.5cm

0.2

表底（正面）

裝飾布（正面）

①將兩側的圖案邊界處（白色部分）摺至背面後車縫固定。

對齊裝飾布中心＆合印。

②垂直疊上另一條，縫法亦同。

90°

裝飾布（正面）

完成尺寸

寬27×長35×13cm
（提把45cm）

原寸紙型

C面

材料

表布（10號亞麻帆布）85cm×45cm
裡布（厚木棉布）85cm×45cm
接著襯（極厚）30cm×15cm
布標 1片
棉繩 粗2cm 100cm

P.16_ No.26

棉繩提把托特包

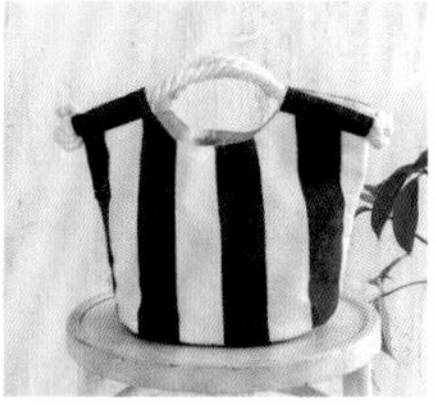

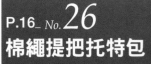

※口布無原寸紙型，請依標示尺寸（已含縫份）直接裁剪。
※ [dotted area] 需於背面燙貼接著襯（僅表底）。

裁布圖

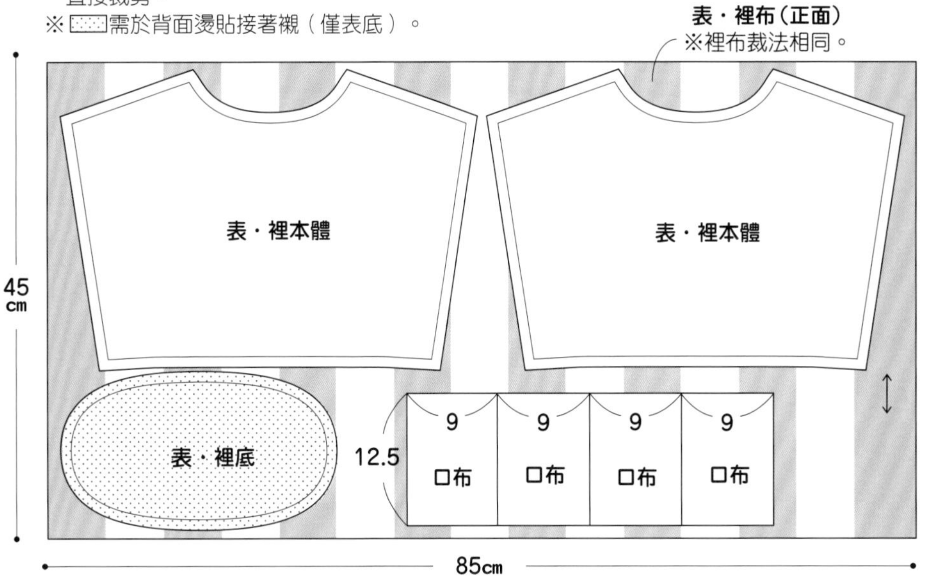

表・裡布（正面）
※裡布裁法相同。
表・裡本體
表・裡本體
表・裡底
45cm
12.5
9
9
9
9
口布
口布
口布
口布
85cm

1.製作口布

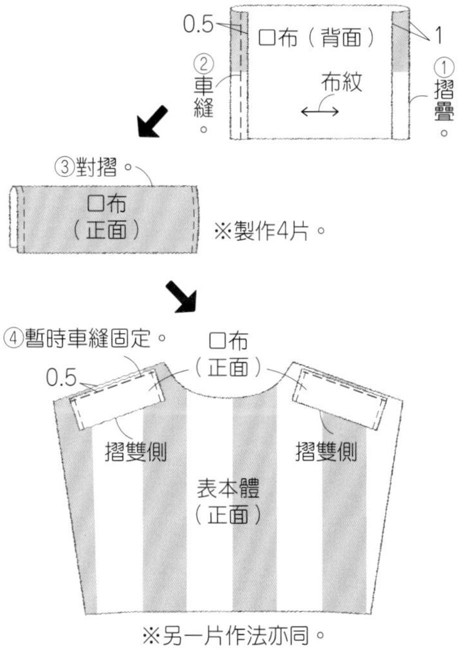

0.5
口布（背面）
1
②車縫。
①摺疊。
布紋
③對摺。
口布（正面）
※製作4片。
④暫時車縫固定。
口布（正面）
0.5
摺雙側
摺雙側
表本體（正面）

※另一片作法亦同。

2. 製作表本體

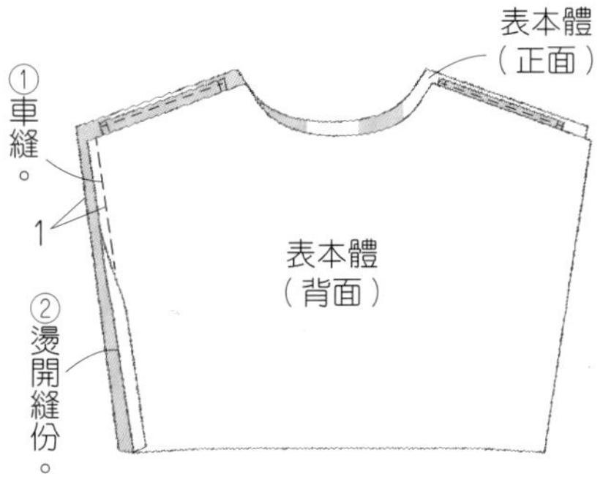

表本體（正面）
①車縫。
1
表本體（背面）
②燙開縫份。

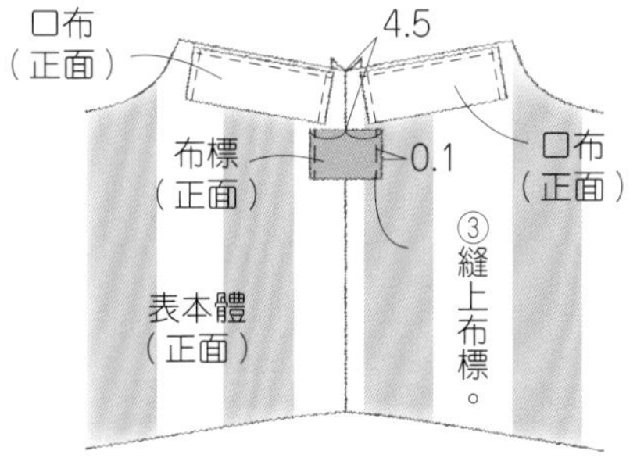

口布（正面）
4.5
布標（正面）
0.1
口布（正面）
③縫上布標。
表本體（正面）

※依①②縫製另一側。

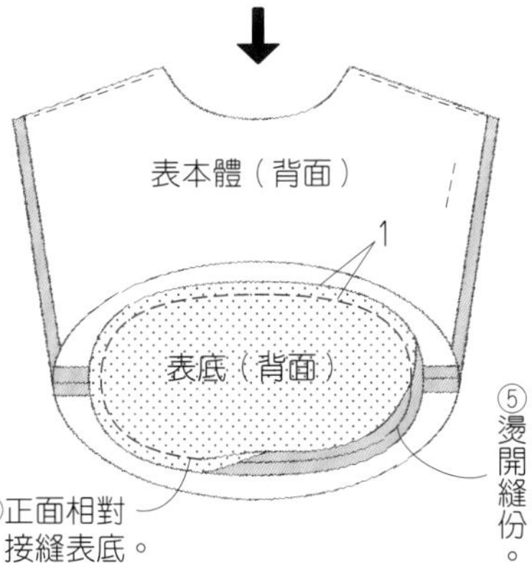

表本體（背面）
1
表底（背面）
④正面相對接縫表底。
⑤燙開縫份。

3. 製作裡本體

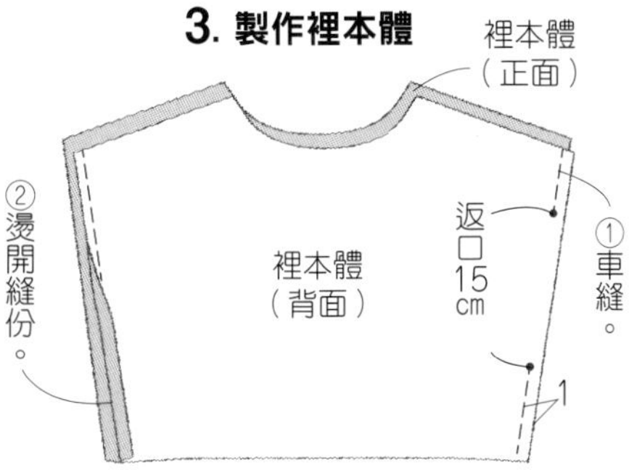

裡本體（正面）
②燙開縫份。
裡本體（背面）
返口15cm
①車縫。
1

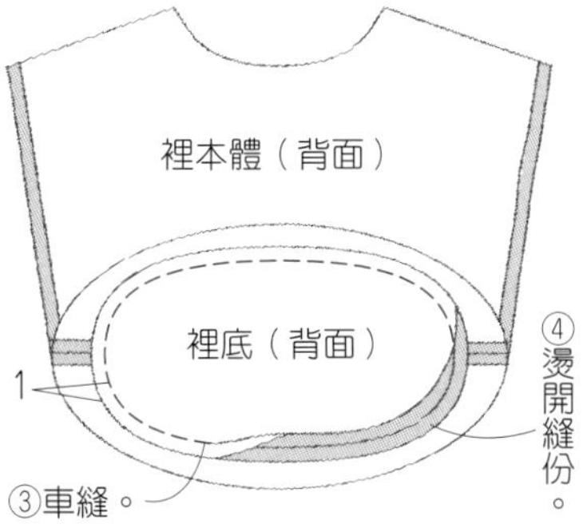

裡本體（背面）
裡底（背面）
1
③車縫。
④燙開縫份。

4. 套疊表本體&裡本體

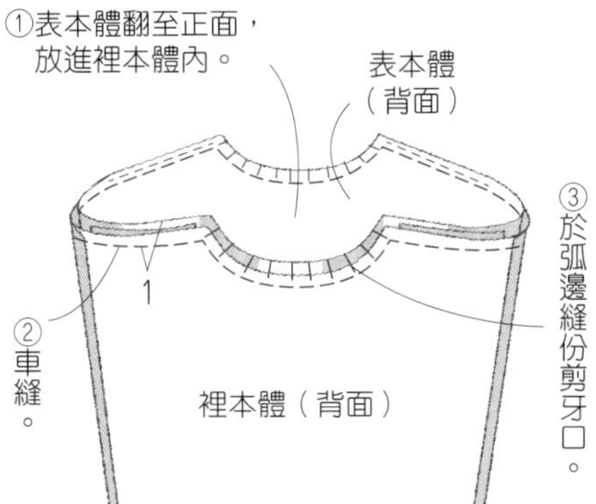

①表本體翻至正面，放進裡本體內。
表本體（背面）
③於弧邊縫份剪牙口。
1
②車縫。
裡本體（背面）

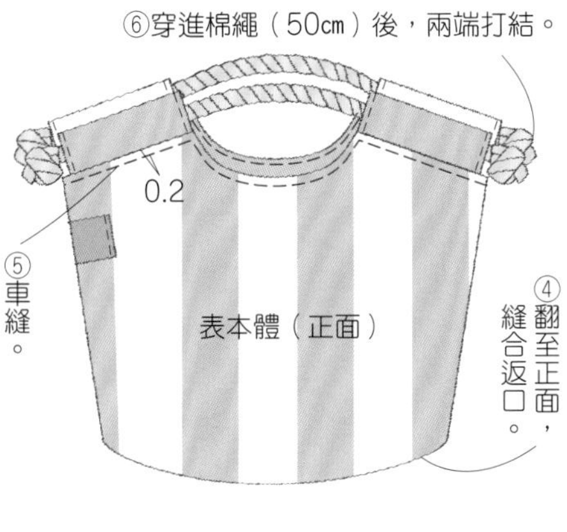

⑥穿進棉繩（50cm）後，兩端打結。
0.2
⑤車縫。
表本體（正面）
④翻至正面，縫合返口。

波克派帽

完成尺寸
頭圍58cm

原寸紙型
B面

材料
表布（亞麻布）55cm×90cm
裡布（棉布）55cm×50cm
帽子用止汗帶 寬3cm 60cm／雞眼釦 內徑4mm 2組
接著襯（薄）70cm×50cm／接著襯（厚）55cm×60cm

---

2. 對齊表・裡帽身

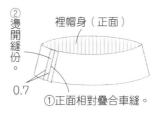

②燙開縫份。
0.7
①正面相對疊合車縫。

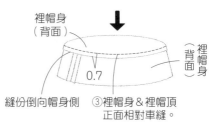

裡帽身（背面）
0.7
縫份倒向帽身側
③裡帽身＆裡帽頂正面相對車縫。

裡帽身（正面）
0.5
④表・裡帽身背面相對疊合車縫。
表帽身（正面）

3. 製作帽簷

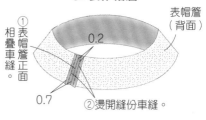

①表帽簷正面相對疊合車縫。
0.2
0.7
②燙開縫份車縫。

※裡帽簷作法亦同。

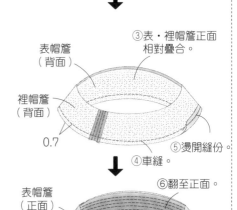

③表・裡帽簷正面相對疊合。
表帽簷（背面）
裡帽簷（背面）
0.7
④車縫。
⑤燙開縫份
⑥翻至正面。
表帽簷（正面）
0.5
⑦取間距0.5cm車縫壓線。
※以珠針固定周圍，防止移位。

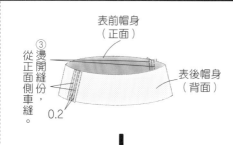

表前帽身（正面）
③從正面側燙開縫份，車縫。
0.2
表後帽身（背面）

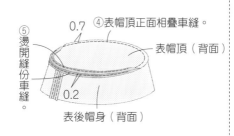

0.7
④表帽頂正面相疊車縫。
⑤燙開縫份車縫。
0.2
表帽頂（背面）
表後帽身（背面）

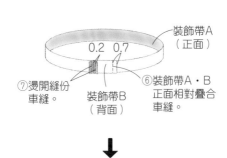

0.2 0.7
裝飾帶A（正面）
⑦燙開縫份車縫。
裝飾帶B（背面）
⑥裝飾帶A・B正面相對疊合車縫。

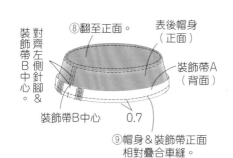

⑧翻至正面。
表後帽身（正面）
對齊左側針腳＆裝飾帶B中心。
裝飾帶A（正面）
裝飾帶A（背面）
裝飾帶B中心
0.7
⑨帽身＆裝飾帶正面相對疊合車縫。

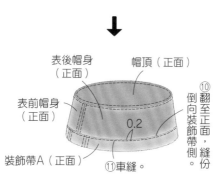

表後帽身（正面）
帽頂（正面）
表前帽身（正面）
0.2
裝飾帶A（正面）
⑩翻至正面，縫份倒向裝飾帶側。
⑪車縫。

※裝飾帶A・B無原寸紙型，請依標示尺寸（已含縫份）直接裁剪。
※ [ ] 需於背面燙貼薄接著襯。
※ [ ] 需於背面燙貼厚接著襯。

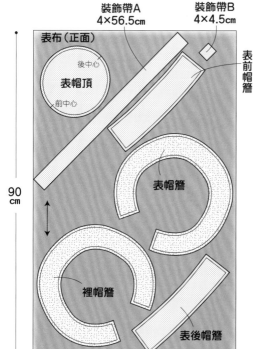

裝飾帶A 4×56.5cm
裝飾帶B 4×4.5cm
表布（正面）
後中心
表帽頂
前中心
表前帽簷
表帽簷
裡帽簷
表後帽簷
90cm
55cm

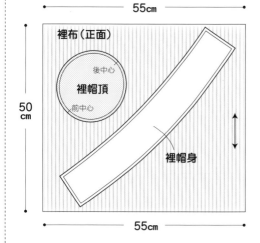

裡布（正面）
後中心
裡帽頂
前中心
裡帽身
50cm
55cm

1. 製作表帽身

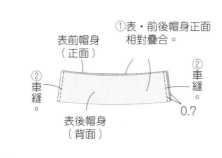

①表・前後帽身正面相對疊合。
表前帽身（正面）
②車縫。
②車縫。
0.7
表後帽身（背面）

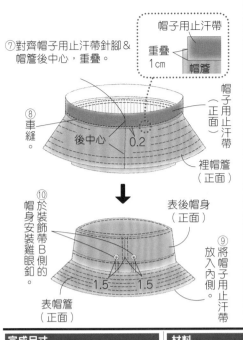

⑦對齊帽子用止汗帶針腳＆帽簷後中心，重疊。

帽子用止汗帶
重疊1cm
帽簷
帽子用止汗帶（正面）
裡帽簷（正面）
⑧車縫。
後中心
0.2

⑩於帽身安裝雞眼釦的帽身側A、B側。
表後帽身（正面）
⑨將放入帽子用止汗帶內側。
1.5 1.5
表帽簷（正面）

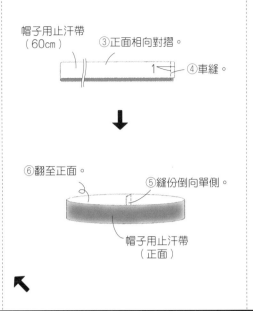

帽子用止汗帶（60cm）
③正面相向對摺。
④車縫。
1

⑥翻至正面。
⑤縫份倒向單側。
帽子用止汗帶（正面）

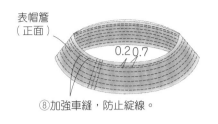

表帽簷（正面）
0.2 0.7
⑧加強車縫，防止綻線。

4. 對齊帽身＆帽簷

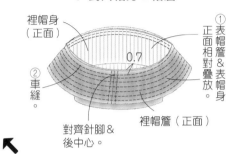

裡帽身（正面）
①表帽簷＆表帽身正面相對疊放。
②車縫。
0.7
對齊針腳＆後中心。
裡帽簷（正面）

完成尺寸	材料	P.57_ No.65
寬30×長37×側身10cm	表布（細亞麻布）90cm×60cm	**蔬果保存袋**
原寸紙型		
無		

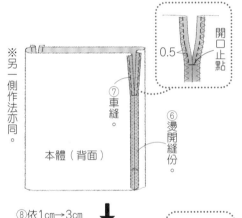

※另一側作法亦同。
開口止點
0.5
⑦車縫。
⑥燙開縫份。
本體（背面）

⑧依1cm→3cm寬度三摺邊。
3 1
⑨車縫。
0.2
本體（背面）

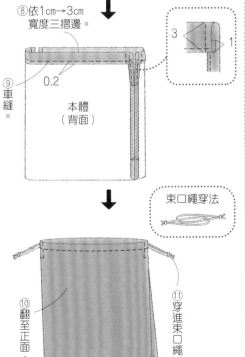

束口繩穿法

⑩翻至正面。
⑪穿進束口繩。

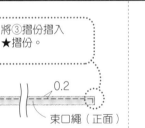

1
將③摺份摺入★摺份。

⑤車縫。
0.2
④對摺。
束口繩（正面）
※另一條作法亦同。

2. 製作本體

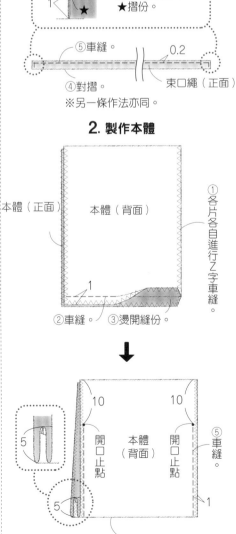

本體（正面）
本體（背面）
①各片各自進行Z字車縫。
②車縫。
③燙開縫份。
1

10 10
5
開口止點
本體（背面）
開口止點
⑤車縫。
1
5
④摺疊側身。

裁布圖
※標示尺寸已含縫份。

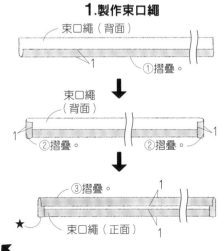

表布（正面）
60cm
摺雙
42
本體
32
束口繩 4
束口繩 4
42.5
90cm

1.製作束口繩

束口繩（背面）
①摺疊。
1

束口繩（背面）
②摺疊。
②摺疊。
1 1

③摺疊。
1
★
束口繩（正面）
1 1

材料
表布（長纖絲光細棉布）55cm×20cm
裡布（塑膠布）25cm×15cm
接著襯（中薄）25m×15cm
塑膠四合釦 13mm 1組

塑膠四合釦安裝方法

釦腳
安裝位置

①以錐子等在安裝位置穿洞，將表釦的釦腳插入洞內。

母釦

②將母釦（公釦）套入釦腳。

③手指置於母釦（公釦）兩側，垂直向下按壓直到發出「啪」聲。

母釦

【凹側】

公釦

【凸側】

---

③重疊裡本體＆表本體，車縫。

裡本體（正面）

表本體（正面）

0.2

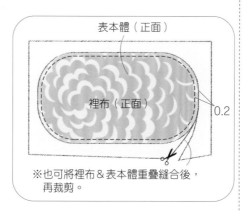

表本體（正面）

裡布（正面）

0.2

※也可將裡布＆表本體重疊縫合後，再裁剪。

2.安裝塑膠四合釦

①安裝塑膠四合釦。

裡本體（正面）

塑膠四合釦（裡側）

塑膠四合釦

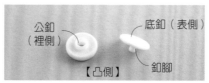

公釦（裡側）
底釦（表側）
釦腳
【凸側】

母釦（裡側）
表釦（表側）
釦腳
【凹側】

不需輔助工具就能輕鬆安裝，塑膠材質不生鏽。適合一般～稍厚布料。

裁布圖

※ ▒▒▒需於背面沿完成線燙貼接著襯（僅一片表本體）。

表布（正面）

表本體

20cm

摺雙

55cm

裡布（正面）

裡本體

15cm

25cm

※也可與表本體重疊縫合後再裁剪。

1. 製作本體

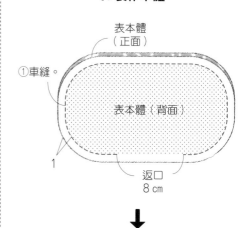

表本體（正面）

①車縫。

表本體（背面）

1

返口
8cm

↓

②翻至正面。

表本體（正面）

完成尺寸	材料（ ■…No.30・ □…No.31・ ■…通用）	P.17_*No.*30

完成尺寸
長60×寬35×側身9cm
長45×寬27×側身10cm

原寸紙型
C面

材料（ ■…No.30・ □…No.31・ ■…通用）
表布（尼龍水洗布）145cm×105cm
145cm×80cm

圓繩 粗0.4cm 30cm
熱轉印貼紙

P.17_*No.*30
束口收摺環保提袋M
P.17_*No.*31
束口收摺環保提袋S

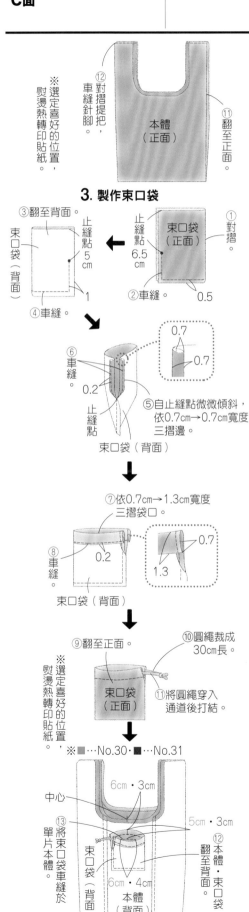

⑫ 對摺提把，車縫針腳。

※選定喜好的位置，熨燙熱轉印貼紙。

本體（正面）

⑪翻至正面。

3. 製作束口袋

③翻至背面。
止縫點 5cm
束口袋（背面）
④車縫。

束口袋（正面）
①對摺。
止縫點 6.5cm
②車縫。 0.5
1

⑥車縫。 0.2
0.7 / 0.7
止縫點
束口袋（背面）
⑤自止縫點微微傾斜，依0.7cm→0.7cm寬度三摺邊。

⑦依0.7cm→1.3cm寬度三摺袋口。
⑧車縫。 0.2
0.7 / 1.3
束口袋（背面）

⑨翻至正面。
⑩圓繩裁成30cm長。
束口袋（正面）
⑪將圓繩穿入通道後打結。

※選定喜好的位置，熨燙熱轉印貼紙。
'※■…No.30・■…No.31

中心
6cm・3cm
5cm・3cm
⑬將束口袋車縫於單片本體
束口袋（背面）
6cm・4cm
⑫本體・束口袋翻至背面。
本體（背面）

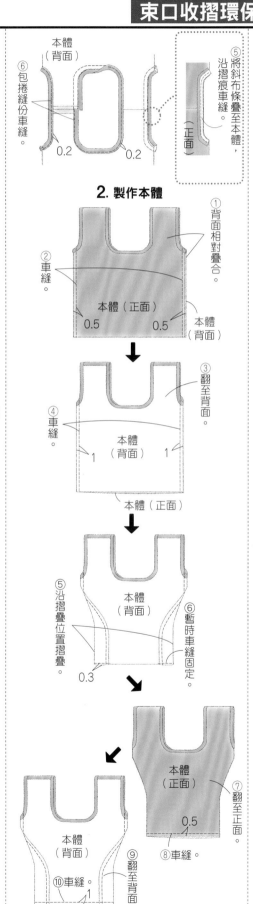

本體（背面）
⑥包捲縫份車縫。
0.2 / 0.2

⑤將斜布條疊至本體，沿摺痕車縫。
（正面）

2. 製作本體

①背面相對疊合。
②車縫。
本體（正面）
0.5 / 0.5
本體（背面）

③翻至背面。
④車縫。
本體（背面）
1 / 1

⑤沿摺疊位置摺疊。
本體（背面）
⑥暫時車縫固定。
0.3

本體（正面）
⑦翻至正面。
本體（正面）
⑧車縫。 0.5

本體（背面）
⑨翻至背面。
⑩車縫。 1

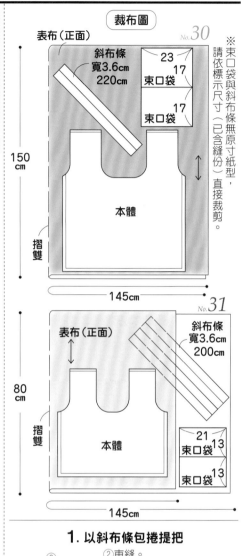

裁布圖

表布（正面） *No.*30
斜布條 寬3.6cm 220cm
23
17 束口袋
17 束口袋
本體
150cm
摺雙
145cm

※束口袋與斜布條無原寸紙型，請依標示尺寸（已含縫份）直接裁剪。

*No.*31
表布（正面）
斜布條 寬3.6cm 200cm
本體
80cm
摺雙
21 束口袋 13
13 束口袋
145cm

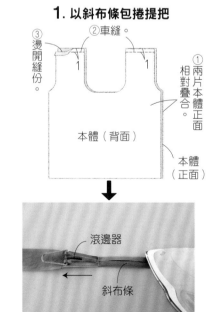

1. 以斜布條包捲提把

③燙開縫份。
②車縫。
1 / 1
①兩片本體正面相對疊合。
本體（背面）
本體（正面）

滾邊器
斜布條

④製作斜布條。將斜布條穿進滾邊器（18mm），以熨斗燙壓摺痕（尼龍布需調低熨斗溫度）。

95

完成尺寸
寬30×長22.5×側身15.5cm
（提把37cm）

原寸紙型
C面

材料
表布（進口布）140cm×30cm
配布（麻布）105cm×20cm／裡布（棉布）110cm×50cm
接著襯（Swany Medium）92cm×65cm
拉鍊 50cm 1條／包包用底板 45cm×15cm
皮革提把 1組／拉鍊尾片 4片／皮標 1片
支架口金 寬30cm 1組／提把用手縫線

---

3. 縫合表本體＆裡本體

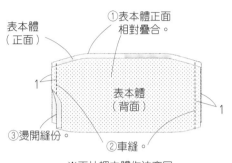

①表本體正面相對疊合。
②車縫。
③燙開縫份。
表本體（正面）
表本體（背面）
1
1
※兩片裡本體作法亦同。

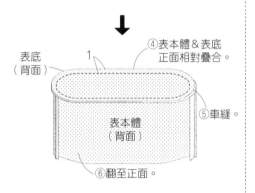

④表本體＆表底正面相對疊合。
⑤車縫。
⑥翻至正面。
表底（背面）
表本體（背面）
1

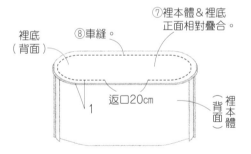

⑦裡本體＆裡底正面相對疊合。
⑧車縫。
裡底（背面）
返口20cm
裡本體（背面）
1

4. 接縫口布

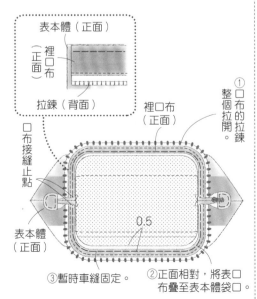

表本體（正面）
裡口布（正面）
拉鍊（背面）
裡口布（正面）
①整個布拉開的拉鍊
□布接縫止點
表本體（正面）
0.5
③暫時車縫固定。
②正面相對，將表口布疊至表本體袋口。

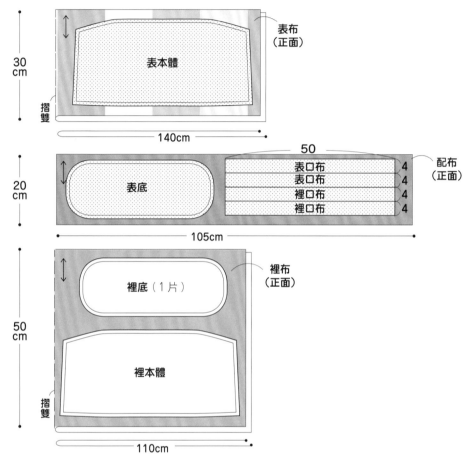

30cm
摺雙
表本體
表布（正面）
140cm

20cm
表底
表口布 4
表口布 4
裡口布 4
裡口布 4
配布（正面）
50
105cm

50cm
摺雙
裡底（1片）
裡本體
裡布（正面）
110cm

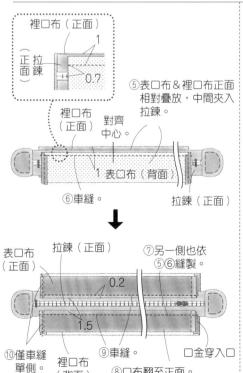

裡口布（正面）
正面拉鍊
1
0.7

⑤表口布＆裡口布正面相對疊放，中間夾入拉鍊。
裡口布（正面）
對齊中心。
1 表口布（背面）
⑥車縫。
拉鍊（正面）

表口布（正面）
⑦另一側也依⑤⑥縫製。
0.2
1.5
⑩僅車縫單側。
裡口布（背面）
⑨車縫。
⑧口布翻至正面。

---

1. 縫上皮標

①縫上皮標。

2. 製作口布

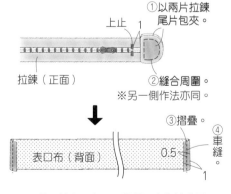

①以兩片拉鍊尾片包夾。
上止 1
拉鍊（正面）
②縫合周圍。
※另一側作法亦同。
③摺疊。
④車縫。
表口布（背面）
0.5
1
※另一片表口布＆兩片裡口布作法亦同。
□金穿入□金穿入□金

⑨底板裁得略小於袋底完成線0.5cm，從返口放入。

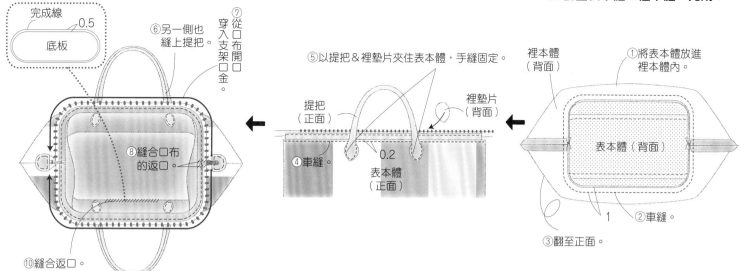

完成線
0.5
底板

⑦從口布開口穿入支架口金。

⑥另一側也縫上提把。

⑧縫合口布的返口。

⑩縫合返口。

⑤以提把＆裡墊片夾住表本體，手縫固定。

提把（正面）

裡墊片（背面）

④車縫。

0.2

表本體（正面）

5. 套疊表本體＆裡本體，完成！

裡本體（背面）

①將表本體放進裡本體內。

表本體（背面）

1

②車縫。

③翻至正面。

完成尺寸	材料	P.16_ No.28
寬約75×長約33cm	表布（長纖絲光細棉布）70cm×60cm	**頭巾口罩**
原寸紙型	鬆緊帶 寬0.5cm 60cm	
無		

⑦另一側作法亦同。

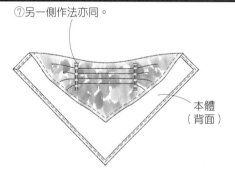

本體（背面）

2.穿進鬆緊帶

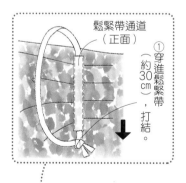

鬆緊帶通道（正面）

①穿進鬆緊帶（約30cm），打結。

②另一側也穿進鬆緊帶。

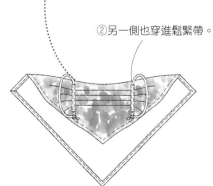

※鬆緊帶長度可配合個人調整。

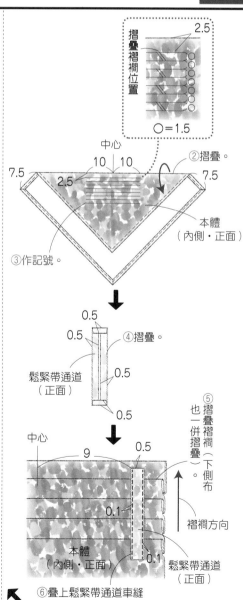

2.5

摺疊褶襇位置

○＝1.5

中心

10 10

7.5

2.5

7.5

②摺疊。

本體（內側・正面）

③作記號。

0.5
0.5

鬆緊帶通道（正面）

0.5

④摺疊。

0.5

中心

9

0.5

0.1

本體（內側・正面）

0.1

⑤摺疊褶襇（下側布）也一併摺疊。

褶襇方向

鬆緊帶通道（正面）

⑥疊上鬆緊帶通道車縫（下側布也一併車縫）。

裁布圖

※標示尺寸已含縫份。

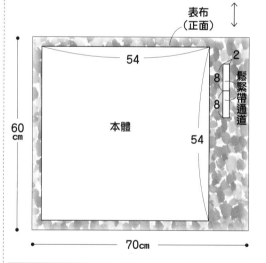

表布（正面）

54

2

8

8

鬆緊帶通道

60cm

本體

54

70cm

1.縫合本體

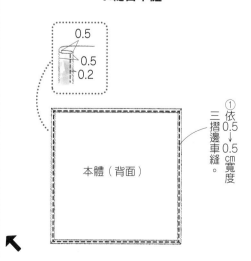

0.5

0.5

0.2

本體（背面）

①依0.5→0.5cm寬度三摺邊車縫。

完成尺寸	材料
寬21×長25×側身13cm （提把28cm）	**表布**（進口布）134cm×30cm **配布**（棉布）105cm×40cm／**裡布**（棉布）110cm×40cm **接著襯**（Swany Soft）92cm×50cm **鋁管口金・方型**（寬21cm 高9cm）1 組／**皮標** 1片 **皮提把**（寬2cm 40cm）1組／**皮革用手縫線** 適量

完成尺寸
寬21×長25×側身13cm
（提把28cm）

原寸紙型
D面

④以手縫方式接縫提把。
提把
表本體（正面）
⑤縫合返口。

5.安裝口金

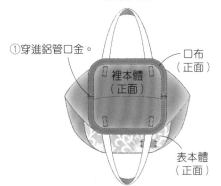

①穿進鋁管口金。
裡本體（正面）
口布（正面）
表本體（正面）

鋁管口金安裝方法

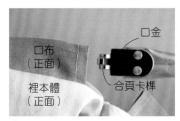

口布（正面）
裡本體（正面）
口金
合頁卡榫

①打開口金，取下螺栓。將口金內側朝向裡本體，由較窄的合頁卡榫端穿進口布。

裡本體（正面）
長螺栓
合頁卡榫

②對齊口金合頁卡榫，從外側插入長螺栓。

裡本體（正面）
短螺栓

③從內側插入短螺栓，鎖緊固定。另一側也依相同作法鎖緊固定。

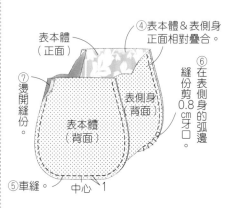

④表本體＆表側身正面相對疊合。
表本體（正面）
⑦燙開縫份。
表側身（背面）
⑥在表側身的弧邊縫份剪0.8cm牙口。
表本體（背面）
⑤車縫。
中心
1

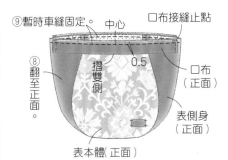

⑨暫時車縫固定。
中心
口布接縫止點
⑧翻至正面。
0.5
摺雙側
口布（正面）
表側身（正面）
表本體（正面）

3.製作裡本體

①依**2.**-②、③製作裡側身。

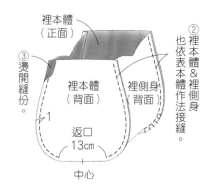

裡本體（正面）
②裡本體＆裡側身也依表本體＆裡側身作法接縫。
③燙開縫份。
裡本體（背面）
裡側身（背面）
1
返口13cm
中心

4.套疊表本體＆裡本體

①將表本體放進裡本體內。

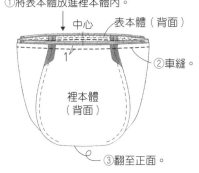

中心
1
表本體（背面）
②車縫。
裡本體（背面）
③翻至正面。

裁布圖

※▨▨▨ 需於背面燙貼接著襯
（依橫布紋←→燙貼接著襯）。

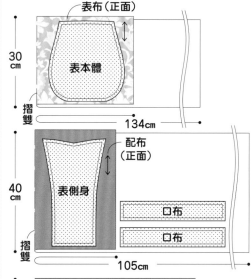

表布（正面）
表本體
30cm
摺雙
134cm

配布（正面）
表側身
40cm
口布
口布
摺雙
105cm

裡布（正面）
裡本體
裡側身
40cm
摺雙
110cm

1.製作口布

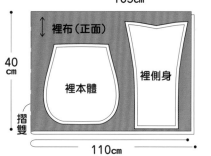

②車縫。
①摺疊兩端。
口布（背面）
0.5
1
③對摺。
口布（正面）

※另一片作法亦同。

2.製作表本體

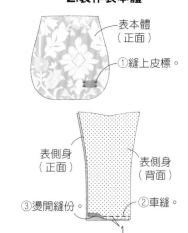

表本體（正面）
①縫上皮標。
表側身（正面）
表側身（背面）
③燙開縫份。
②車縫。
1

完成尺寸	材料
寬62×長35×側身20cm（提把33cm）	表布（進口布）125cm×40cm

完成尺寸
寬62×長35×側身20cm
（提把33cm）

原寸紙型
D面

材料
表布（進口布）125cm×40cm
裡布（棉麻帆布）110cm×65cm
配布（麻布）105cm×55cm
接著襯（Swany Soft）92cm×110cm
磁釦 18mm 1組／**皮標** 1片
麂皮繩 粗0.3cm 60cm

P.20_ *No.* **38.39.40**
寬版側身&
提把的大容量包

No.38 39

No.40

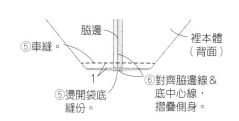

⑤車縫。
脇邊
裡本體（背面）
1
⑤燙開袋底縫份。
⑥對齊脇邊線&底中心線，摺疊側身。

※另一側的側身作法亦同。

4.套疊表本體&裡本體

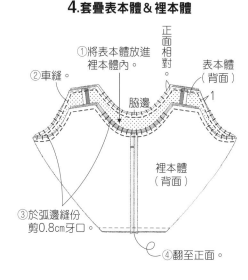

①將表本體放進裡本體內。
②車縫。
正面相對
表本體（背面）
脇邊
1
裡本體（背面）
③於弧邊縫份剪0.8cm牙口。
④翻至正面。

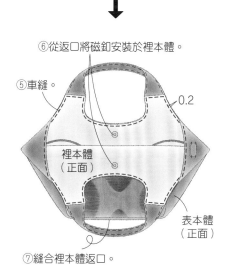

⑥從返口將磁釦安裝於裡本體。
⑤車縫。
0.2
裡本體（正面）
表本體（正面）
⑦縫合裡本體返口。

---

④表本體&側身正面相對疊合。
⑤車縫。
⑦燙開縫份。
表本體（正面）
表本體（背面）
1
側身（背面）
⑧另一側也同樣縫合。
合印　合印
袋底（背面）
⑥於弧邊縫份剪0.8cm牙口。
⑨翻至正面。

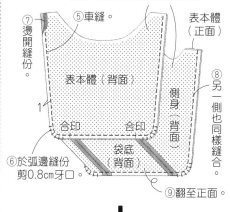

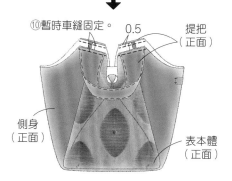

⑩暫時車縫固定。
0.5
提把（正面）
側身（正面）
表本體（正面）

3.製作裡本體

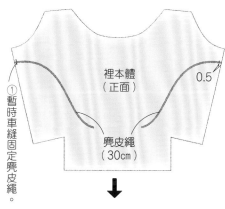

裡本體（正面）
0.5
①暫時車縫固定麂皮繩。
麂皮繩（30cm）

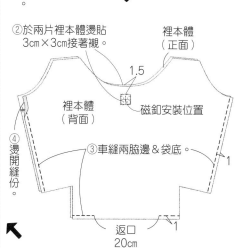

②於兩片裡本體燙貼3cm×3cm接著襯。
裡本體（正面）
1.5
裡本體（背面）
磁釦安裝位置
④燙開縫份。
③車縫兩脇邊&袋底。
1
返口20cm

裁布圖

※袋底無原寸紙型，請依標示尺寸（已含縫份）直接裁剪。
※▨▨▨處需於背面沿完成線燙貼接著襯。

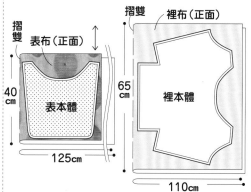

摺雙
摺雙
裡布（正面）
表布（正面）
表本體
40cm
65cm
裡本體
125cm
110cm

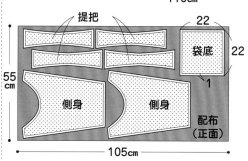

提把
22
袋底
22
1
55cm
側身
側身
配布（正面）
105cm

1.製作提把

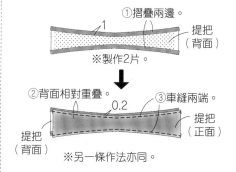

①摺疊兩邊。
1
提把（背面）
※製作2片。

②背面相對重疊。
0.2
③車縫兩端。
提把（背面）
提把（正面）
※另一條作法亦同。

2.製作表本體

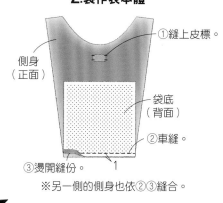

①縫上皮標。
側身（正面）
袋底（背面）
②車縫。
③燙開縫份。
1
※另一側的側身也依②③縫合。

完成尺寸	材料
寬41×長22×側身15cm（提把28cm）	表布（進口布）130cm×40cm
原寸紙型	裡布（棉布）105cm×55cm
B面	接著襯（Swany Medium）92cm×60cm
	包芯棉繩 粗0.6cm 40cm／底板 40cm×15cm
	磁釦 1.8cm 1組／皮標 1片

第一欄

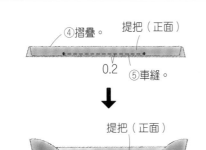

④摺疊。
提把（正面）
0.2
⑤車縫。

提把（正面）

⑦以透明膠帶包捲多餘的包芯棉繩，再進行修剪。

⑥穿進19cm包芯棉繩。

※另一條提把作法亦同。

包芯棉繩穿法

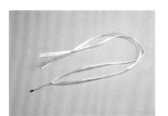

❶ 將塑膠繩穿過穿繩器。

❷ 塑膠繩緊緊綁住包芯棉繩一端。

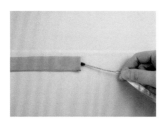

❸ 穿繩器穿進提把，拉入包芯棉繩。

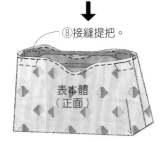

⑧接縫提把。
表本體（正面）

第二欄

2. 製作裡本體

①在兩片裡本體燙貼3cm×3cm接著襯。
②車縫。1
磁釦安裝位置
裡本體（背面）
返口26cm

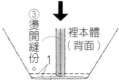

③燙開縫份。1
裡本體（背面）
④對齊側身車縫。

※另一側作法亦同。

3. 套疊表本體＆裡本體

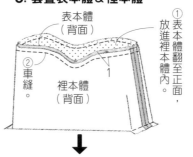

表本體（背面）
②車縫。
①放進裡本體內。
①表本體翻至正面，放進裡本體內。1
裡本體（背面）

剪圓角。
14.5
37
底板

⑥從返口放入底板，再縫合返口。

⑤安裝磁釦。
中心
2.5
裡本體（正面）

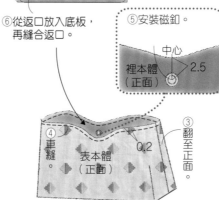

④車縫
表本體（正面）
0.2
③翻至正面。

4. 接縫提把

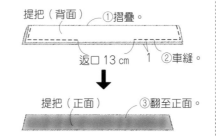

提把（背面）
①摺疊。
返口13cm
②車縫。1
提把（正面）
③翻至正面。

第三欄

裁布圖

※袋底無原寸紙型，請依標示尺寸（已含縫份）直接裁剪。

※▨▨▨需於背面燙貼接著襯（依橫布紋 ←→ 燙貼接著襯）。

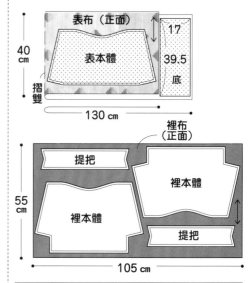

40cm
摺雙
表布（正面）
表本體
17
39.5
底
130 cm

裡布（正面）
55cm
提把
裡本體
裡本體
提把
105 cm

1. 製作表本體

①縫上皮標。
表本體（正面）

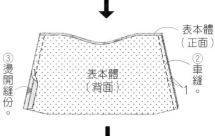

③燙開縫份。
表本體（背面）
②車縫。1
表本體（正面）

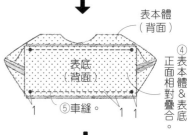

表本體（背面）
表底（背面）
⑤車縫。1 1
④表本體＆表底正面相對疊合。

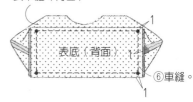

表本體（背面）
表底（背面）
1
⑥車縫。
1

完成尺寸	材料（ ■…No.44・45・ ■…No.43・ ■…通用）	
寬15×長9.5×側身4cm	表布（進口布）60cm×20cm・60cm×15cm	
原寸紙型	裡布（棉布）60cm×15cm・60cm×20cm	
無	接著襯（Swany Soft）60cm×20cm	
	支架口金　寬15cm 1組／拉鍊尾片　4片	
	尼龍拉鍊　30cm　1條	

支架口金波奇包

裁布圖

※標示尺寸已含縫份。
※ ▢ 需於背面燙貼接著襯。

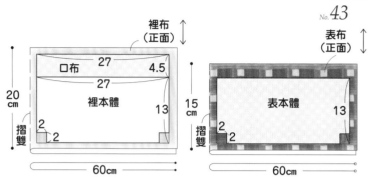

No. 43

裡布（正面）　口布　27　4.5　27　裡本體　13　20cm　摺雙　2　2　60cm

表布（正面）　表本體　13　15cm　摺雙　2　2　60cm

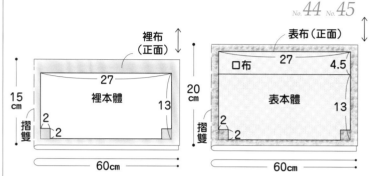

No. 44 No. 45

裡布（正面）　口布　27　裡本體　13　15cm　摺雙　2　2　60cm

表布（正面）　口布　27　4.5　表本體　13　20cm　摺雙　2　2　60cm

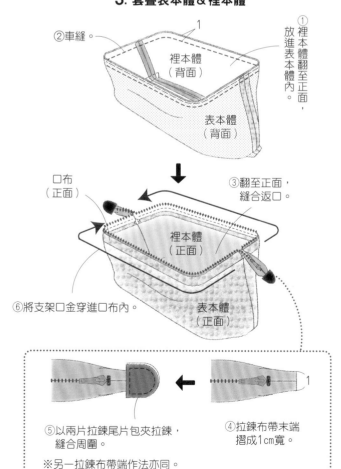

裡本體（背面）　⑦車縫。　1
※另一側的側身作法亦同。

裡本體（正面）　裡本體（背面）　1　⑥燙開縫份。　返口13cm　⑤車縫　1　1

3. 套疊表本體＆裡本體

②車縫。　1　①裡本體翻至正面，放進表本體內。　裡本體（背面）　表本體（背面）

口布（正面）　③翻至正面，縫合返口。　裡本體（正面）　⑥將支架口金穿進口布內。　表本體（正面）

⑤以兩片拉鍊尾片包夾拉鍊，縫合周圍。　④拉鍊布帶末端摺成1cm寬。　1
※另一拉鍊布帶端作法亦同。

---

1. 製作口布

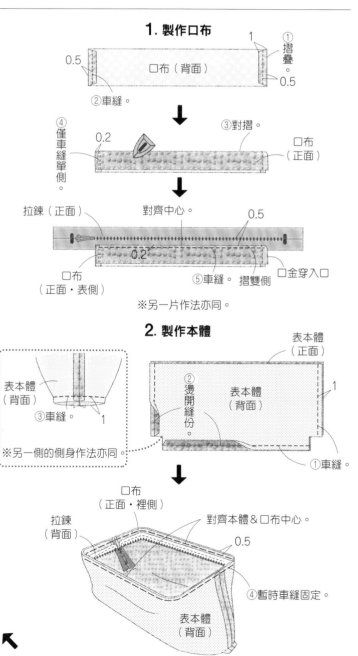

0.5　口布（背面）　①摺疊　0.5　②車縫。　1

④僅車縫單側。　0.2　③對摺。　口布（正面）

拉鍊（正面）　對齊中心。　0.5　0.2　口布（正面・表側）　⑤車縫。　摺雙側　口布金穿入口

※另一片作法亦同。

2. 製作本體

表本體（背面）　③車縫。　1
※另一側的側身作法亦同。

表本體（正面）　②燙開縫份。　表本體（背面）　1　①車縫

口布（正面・裡側）　拉鍊（背面）　對齊本體＆口布中心。　0.5　④暫時車縫固定。　表本體（背面）

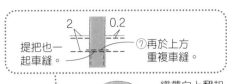

提把也一起車縫。
2　0.2
⑦再於上方重複車縫。

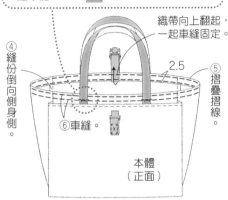

④縫份倒向側身側。
織帶向上翻起，一起車縫固定。
2.5
⑤摺疊摺線。
⑥車縫
本體（正面）

4.製作波奇包

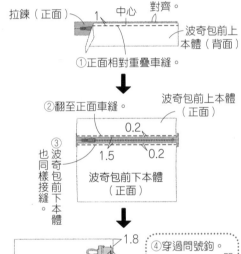

拉鍊（正面）　中心　對齊。
波奇包前上本體（背面）
①正面相對重疊車縫。

②翻至正面車縫。
波奇包前上本體（正面）
0.2
1.5　0.2
③波奇包前下本體也同樣接縫。
波奇包前下本體（正面）

1.8
0.5
⑤暫時車縫固定。
波奇包後本體（正面）

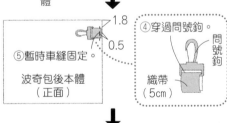

④穿過問號鉤。
問號鉤
織帶（5cm）

正面相對疊合。　拉開拉鍊
波奇包後本體（正面）
⑦修剪邊角縫份。
波奇包前下本體（背面）
⑥車縫。
1

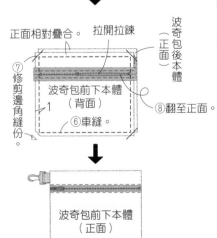

⑧翻至正面。
波奇包前下本體（正面）

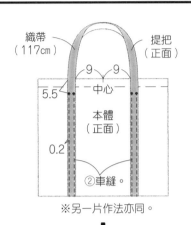

織帶（117cm）
提把（正面）
9　9
5.5
中心
本體（正面）
0.2
②車縫。

※另一片作法亦同。

↓

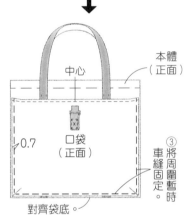

中心
本體（正面）
0.7
口袋（正面）
③將周圍暫時車縫固定。
對齊袋底。

插釦（凸）
④穿過插扣。
織帶（30cm）
0.6
織帶（背面）
⑤依0.8cm→0.8cm寬度三摺邊車縫。

正面　織帶
中心
2.5
⑥暫時車縫固定。
本體（背面）

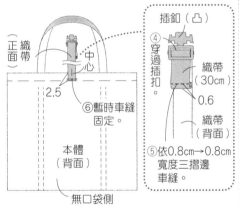

無口袋側

3.接縫側身，完成！

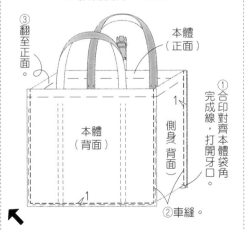

③翻至正面。
本體（正面）
本體（背面）
側身背面
1
1
①合印對齊本體袋角完成線，打開牙口。
②車縫。

※標示尺寸已含縫份。
※於合印│剪0.8cm牙口。

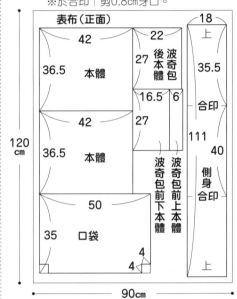

表布（正面）
18 上
42　　22
36.5　本體　27 後本體／波奇包
35.5
16.5　6　合印
42　　27
36.5　本體　111
波奇包前下本體／波奇包前上本體　40 側身合印
50
35　口袋
4
4
上
120cm
90cm

1.製作口袋

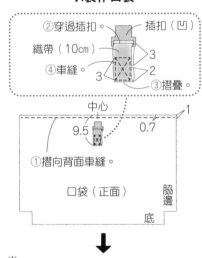

②穿過插扣。　插扣（凹）
織帶（10cm）　3
④車縫。　3　2
③摺疊。

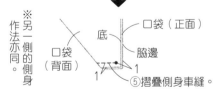

中心　1
9.5　0.7
①摺向背面車縫。
口袋（正面）
脇邊
底

※另一側的側身作法亦同。

中心
口袋（正面）
底
脇邊
口袋（背面）
1
1
⑤摺疊側身車縫。

2.製作本體

①上邊摺出摺痕。
2.5
本體（背面）

※另一片&側身上邊也同樣摺出摺痕。

完成尺寸
總長76cm
胸圍106cm

原寸紙型
B面

材料
表布（薄棉布）108cm×170cm

4.車縫袖襬

前片（背面）

0.2

①依1cm→1cm寬度三摺邊。

②車縫。

後片（背面）

※另一側作法亦同。

5.縫合前中心・脇邊・下襬

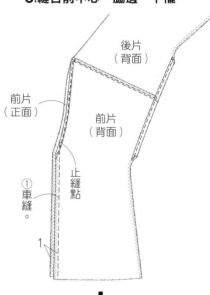

後片（背面）

前片（正面）

前片（背面）

止縫點

①車縫。

1

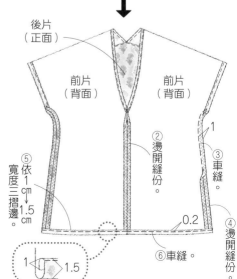

後片（正面）

前片（背面）

前片（背面）

⑤寬度依1cm→1.5cm三摺邊。

①車縫。

②燙開縫份。

③車縫。

④燙開縫份。

⑥車縫。

0.2

1

1 → 1.5

2.製作領圍

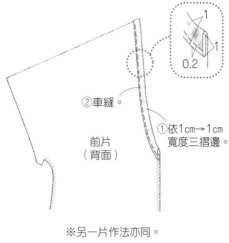

1
0.2
1

②車縫。

前片（背面）

①依1cm→1cm寬度三摺邊。

※另一片作法亦同。

3.接縫剪接

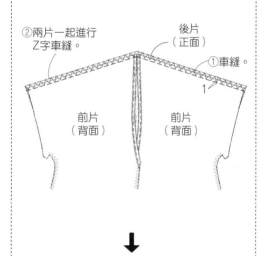

②兩片一起進行Z字車縫。

後片（正面）

①車縫。

前片（背面）

前片（背面）

1

前片（正面）

前片（正面）

0.2

後片（正面）

③縫份倒向後側。

④車縫。

裁布圖

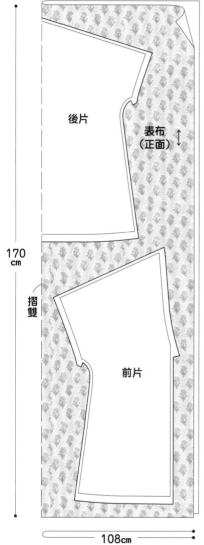

後片

表布（正面）

前片

170cm

摺雙

108cm

1.縫製前的準備

①進行Z字車縫。

後片（正面）

前片（正面）

完成尺寸
寬32×長23×側身14cm
（提把26cm）
寬23×長16×側身13cm
（提把21cm）

原寸紙型
B面

材料（ ■…No.47・ ■…No.48・ ■…通用）

表布（亞麻帆布）110cm×30cm・110cm×20cm

裡布（棉厚織79號）112cm×65cm・112cm×50cm

配布（平織布）110cm×70cm・110cm×40cm

接著襯（參見P.25）110cm×50cm・110cm×35cm

P.25_ No.47
四股辮提把托特包M
P.25_ No.48
四股辮提把托特包S

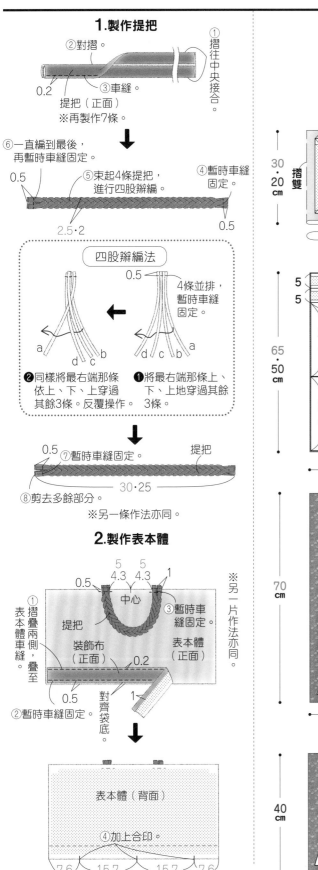

1.製作提把

①摺往中央接合。
②對摺。
③車縫。
0.2
提把（正面）
※再製作7條。

⑥一直編到最後，再暫時車縫固定。
0.5
⑤束起4條提把，進行四股辮編。
④暫時車縫固定。
2.5・2
0.5

四股辮編法
0.5
4條並排，暫時車縫固定。
a b
d c
a b
d c
❷同樣將最右端那條依上、下、上穿過其餘3條。反覆操作。
❶將最右端那條上、下、上地穿過其餘3條。

0.5
⑦暫時車縫固定。
提把
30・25
⑧剪去多餘部分。
※另一條作法亦同。

2.製作表本體

5
4.3 4.3
1
0.5
中心
①摺疊表本體兩側車縫，疊至
提把
③暫時車縫固定。
裝飾布（正面）
表本體（正面）
0.2
0.5
對齊袋底。
②暫時車縫固定。
1
※另一片作法亦同。

表本體（背面）
④加上合印。
7.6 15.7 15.7 7.6
7.2 11 中心 11 7.2
※另一片&裡本體也同樣加上合印。

裁布圖

※除了表・裡底與蓋布之外皆無原寸紙型，請依標示尺寸（已含縫份）直接裁剪。
※▨ 需於背面燙貼接著襯。
※■…No.47・■…No.48・■…通用

46.6・36.5
30・20 cm
摺雙
25・18
1
2
1
表本體
表布（正面）
110cm

裝飾布 1
5
5
46.6・36.5
24.7・17.7
裡本體
表底 1
裡底 1
提把（8條）
★=4・3.5
65・50 cm
24.7・17.7
裡本體
31.5・22.5
15・11
47・45
裡布（正面）
內口袋
112cm

配布（正面）
蓋布
蓋布
70 cm
110cm

配布（正面）
蓋布
蓋布
40 cm
110cm

蓋布（正面）
中心
蓋布（正面）
脇邊
對齊合印。
0.5 中心
⑤暫時車縫固定。
裡本體（背面）

5.套疊表本體＆裡本體

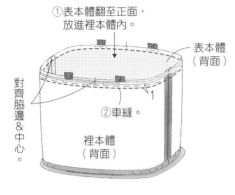

①表本體翻至正面，放進裡本體內。
表本體（背面）
對齊脇邊＆中心。
②車縫。
1
裡本體（背面）

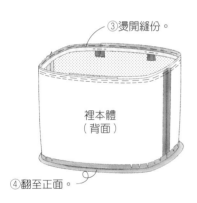

③燙開縫份。
裡本體（背面）
④翻至正面。

※蓋布也一起車縫。
0.2
⑤車縫。
表本體（正面）
⑥縫合返口。

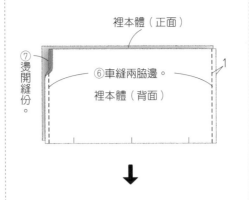

裡本體（正面）
⑦燙開縫份。
⑥車縫兩脇邊。
裡本體（背面）
1

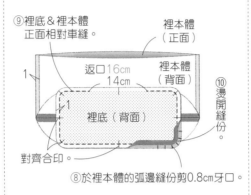

⑨裡底＆裡本體正面相對車縫。
裡本體（正面）
返口16cm
14cm
裡本體（背面）
1
⑩燙開縫份。
裡底（背面）
對齊合印。
⑧於裡本體的弧邊縫份剪0.8cm牙口。

4.製作蓋布

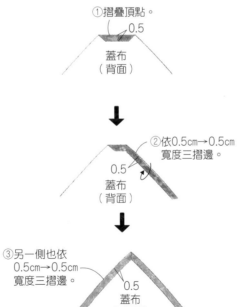

①摺疊頂點。
0.5
蓋布（背面）

②依0.5cm→0.5cm寬度三摺邊。
0.5
蓋布（背面）

③另一側也依0.5cm→0.5cm寬度三摺邊。
0.5
蓋布（背面）

④車縫。
0.2
蓋布（背面）
中心　脇邊　中心

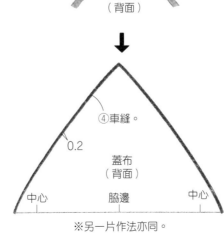

※另一片作法亦同。

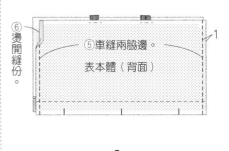

⑥燙開縫份。
⑤車縫兩脇邊。
表本體（背面）
1

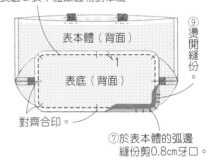

⑧表底＆表本體正面相對車縫。
表本體（背面）
⑨燙開縫份。
1
表底（背面）
對齊合印。
⑦於表本體的弧邊縫份剪0.8cm牙口。

3.製作裡本體

①依1cm→1cm寬度，往正面側三摺邊車縫。
1
0.2　1
內口袋（正面）

②摺疊。
0.7　內口袋（背面）　0.7
0.7

重疊車縫。

⑤閂止縫。
0.5

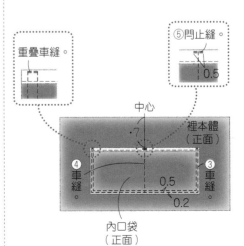

中心
.7
裡本體（正面）
④車縫。
③車縫。
0.5
0.2
內口袋（正面）

<table>
<tr><td>

完成尺寸
寬9×長16cm
（不含緞帶）

原寸紙型
D面

</td><td>

材料
表布（蕾絲布）25cm×15cm／**裡布**（細棉布）25cm×25cm
配布（亞麻布）15cm×10cm／**緞帶** 寬1cm 20cm／**9針** 1個
蕾絲 寬3cm 15cm・寬0.8cm 25cm／**配飾蕾絲** 10cm
吊飾 1個／**單圈** 直徑0.5cm 1個／**珍珠** 直徑0.7cm 1顆
鏈條 3cm／**金屬拉鍊** 10 cm 1條
緞帶夾 寬1cm 1個／**25號繡線**（紅色）

</td></tr>
</table>

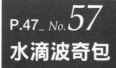

P.47_ No.57
水滴波奇包

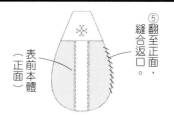

⑤ 縫合返口。
翻至正面，
表前本體（正面）

3.縫合前・後本體

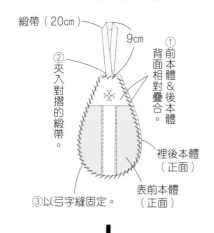

緞帶（20cm）
9cm
① 前本體&後本體背面相對疊合。
② 夾入對摺的緞帶。
③ 以弓字縫固定。
裡後本體（正面）
表前本體（正面）

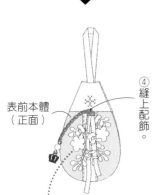

表前本體（正面）
④ 縫上配飾。

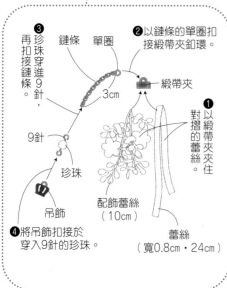

❸ 再扣接鏈條。珍珠穿進9針，
❷ 以鏈條的單圈扣接緞帶夾釦環。
鏈條
單圈
3cm
緞帶夾
❶ 以緞帶夾夾住對摺的蕾絲
9針
珍珠
吊飾
配飾蕾絲（10cm）
蕾絲（寬0.8cm・24cm）
❹ 將吊飾扣接於穿入9針的珍珠。

---

⑥ 依④作法車縫
裡口布&裡後本體正面相對，
裡口布（背面）
0.5
裡後本體（背面）
⑤ 摺疊。
0.7
間距1cm

↓

表後本體（正面）
0.5
⑦ 車縫。
裡後本體（背面）
⑧ 翻至正面。

↓

⑨ 以藏針縫固定於拉鍊布帶。
裡後本體（正面）

2. 製作前本體

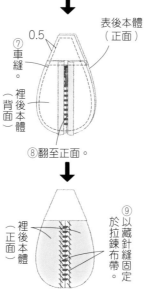

寬蕾絲3cm
表前本體（正面）
① 車縫。
0.2
② 進行刺繡。

↓

④ 十字繡（2股繡線・紅色）。※參見P.55
表口布（正面）
③ 表前本體&表口布正面相對疊合，依裡本體作法車縫。
表前本體（正面）

↓

④ 車縫。

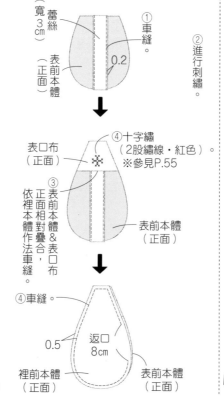

0.5
返口8cm
裡前本體（正面）
表前本體（正面）

裁布圖

表布（正面）
15cm
表前本體
表後本體
表後本體
25cm

裡布（正面）
裡口布
25cm
裡前本體
裡後本體
裡後本體
25cm

表口布　配布（正面）
10cm
15cm

---

1. 製作後本體

背面 拉鍊
① 車縫。
0.7
表後本體（正面）

↓

② 依①接縫於另一片表後本體也一側。
表後本體（正面）
③ 翻至正面車縫。
0.2
0.2
拉鍊（正面）

↓

0.5
表口布（背面）
④ 車縫。
※口布縫份倒向側。
表後本體（正面）

106

青蛙眼罩

完成尺寸

寬約10×長約25cm

原寸紙型

D面

材料

表布（棉布）35cm×30cm

配布A（棉汗布）15cm×25cm

配布B（不織布）15cm×5cm／**紅豆**（小粒）150g

25號繡線（紅色）

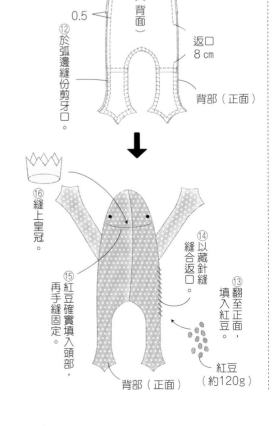

⑧緞面繡眼睛（2股繡線・紅色）。
※參見P.108。

背部（正面）

⑦翻至正面，燙開縫份。

前腳（正面）

⑨將前腳暫時車縫固定。

0.3

背部（正面）

⑩背部&腹部正面相對疊合

⑪車縫。

0.5

腹部（背面）

⑫於弧邊縫份剪牙口。

返口 8 cm

背部（正面）

⑯縫上皇冠。

⑭以藏針縫縫合返口。

⑮紅豆確實填入頭部，再手縫固定。

⑬翻至正面，填入紅豆。

紅豆（約120g）

背部（正面）

---

2. 製作皇冠

a

皇冠（正面）

①端部對齊a。

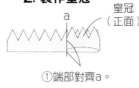

②縫成輪狀。

皇冠（正面）

③藏針縫。

④下方疊放皇冠底進行藏針縫。

皇冠（正面）

皇冠底（正面）

3. 製作本體

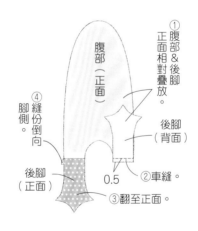

①腹部正面&後腳相對疊放。

腹部（正面）

後腳（背面）

②車縫。

④腳側縫份倒向

0.5

後腳（正面）

③翻至正面。

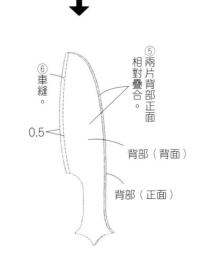

⑤兩片背部正面相對疊合

⑥車縫。

0.5

背部（背面）

背部（正面）

裁布圖

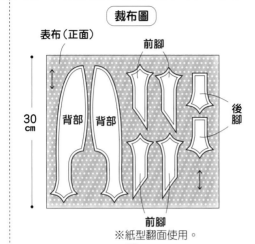

表布（正面）

前腳

背部　背部

後腳

30cm

前腳

35cm

※紙型翻面使用。

配布A（正面）

腹部

25cm

15cm

配布B（正面）

皇冠

皇冠底

5cm

15cm

---

1. 製作前腳

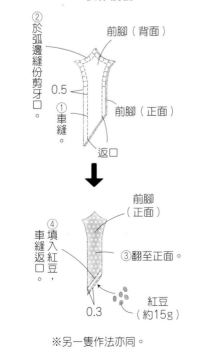

②於弧邊縫份剪牙口。

前腳（背面）

0.5

①車縫。

前腳（正面）

返口

前腳（正面）

④填入紅豆，車縫返口。

③翻至正面。

0.3

紅豆（約15g）

※另一隻作法亦同。

完成尺寸	**材料**	
高約24cm	**表布**（平織布）45cm×15cm／**配布**（亞麻布）50cm×30cm	**P.47_ No.59**
原寸紙型	**蕾絲帶** 寬1.5cm 115cm／**暗釦** 0.8cm 2組	**公主娃娃**
D面	**鈕釦** 0.8cm 2顆／**填充棉** 適量	
	串珠 直徑0.4cm 2顆／**頭冠吊飾** 直徑0.8cm 1個	
	毛線（極細〜中細）／**25號繡線**（茶色・水藍・白色・紅色）	

2. 接縫頭髮

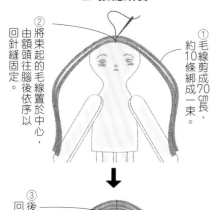

①毛線剪成70cm長，約10條綁成一束。

②將束起的毛線置於中心，由額頭往腦後依序以回針縫固定。

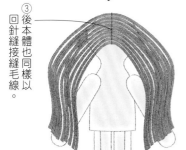

③後本體也同樣以回針縫接縫毛線。

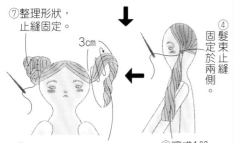

⑦整理形狀，止縫固定。

④髮束止縫固定於兩側。

3cm

⑤撚成1股。

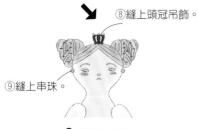

⑥由3cm處開始纏繞上頭髮，最後塞入髮尾，綁成丸子頭。

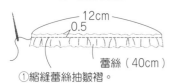

⑧縫上頭冠吊飾。

⑨縫上串珠。

3. 製作前襟

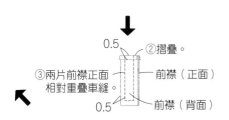

12cm
0.5

①縮縫蕾絲抽皺褶。

蕾絲（40cm）

0.5

②摺疊。

③兩片前襟正面相對重疊車縫。

前襟（正面）

前襟（背面）

0.5

---

④車縫。

③前・後本體正面相對疊合。

0.5

⑤縫份剪牙口。

後本體（背面）

前本體（正面）

返口

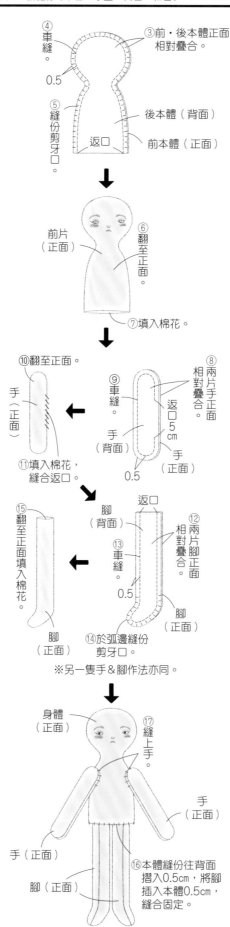

前片（正面）

⑥翻至正面。

⑦填入棉花。

⑩翻至正面。

手（正面）

⑪填入棉花，縫合返口。

⑧兩片手正面相對疊合。

⑨車縫。

返口5cm

手（背面）

手（正面）

0.5

⑮翻至正面填入棉花。

腳（背面）

返口

⑫兩片腳正面相對疊合。

⑬車縫。

0.5

腳（正面）

⑭於弧邊縫份剪牙口。

※另一隻手＆腳作法亦同。

身體（正面）

⑰縫上手。

手（正面）

腳（正面）

⑯本體縫份往背面摺入0.5cm，將腳插入本體0.5cm，縫合固定。

裁布圖

※領子＆袖口無原寸紙型，請依標示尺寸（已含縫份）直接裁剪。

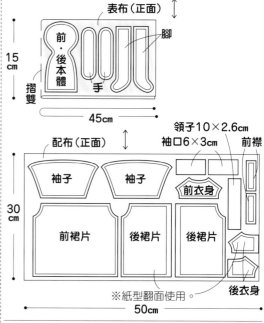

表布（正面）

前・後本體

腳

手

15cm

摺雙

45cm

領子10×2.6cm
袖口6×3cm
前襟

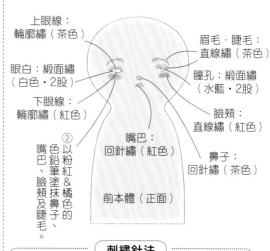

配布（正面）

袖子

袖子

前衣身

前裙片

後裙片

後裙片

後衣身

30cm

※紙型翻面使用。

50cm

1. 製作本體

①在臉部進行刺繡（除指定之外皆取1股繡線）。

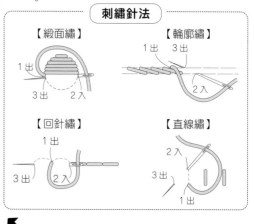

上眼線：輪廓繡（茶色）

眉毛・睫毛：直線繡（茶色）

眼白：緞面繡（白色・2股）

瞳孔：緞面繡（水藍・2股）

下眼線：輪廓繡（紅色）

臉頰：直線繡（紅色）

②以粉紅＆橘色的嘴巴色鉛筆塗抹鼻子、臉頰及睫毛。

嘴巴：回針繡（紅色）

鼻子：回針繡（茶色）

前本體（正面）

刺繡針法

【緞面繡】
1出　3出
3出　2入

【輪廓繡】
1出　3出
2入

【回針繡】
1出
3出　2入

【直線繡】
2入
3出　1出

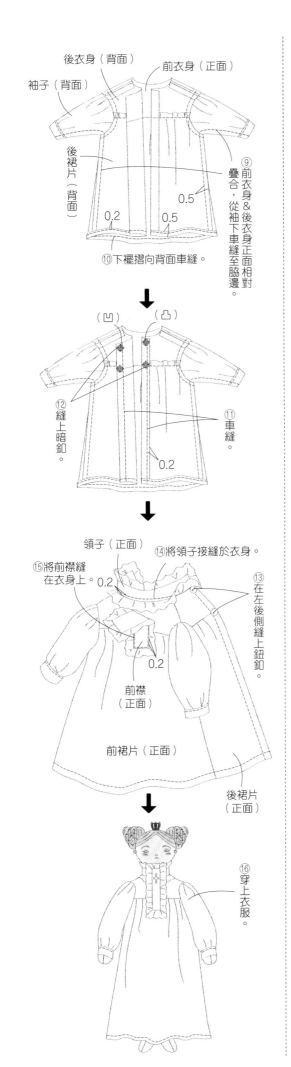

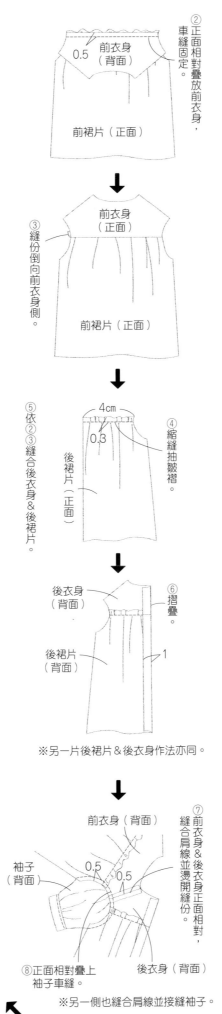

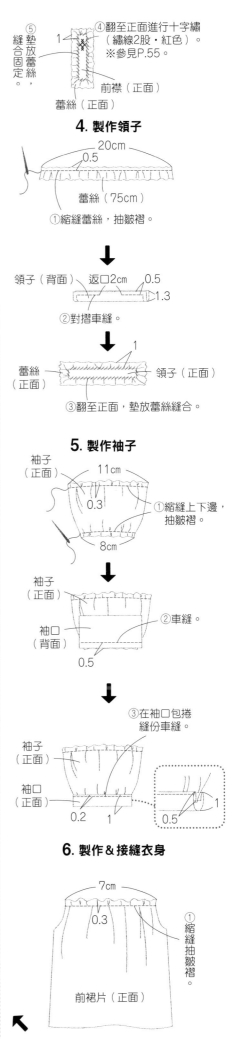

Column 1 (left):

後衣身（背面）　前衣身（正面）

袖子（背面）

後裙片（背面）

⑨前衣身＆後衣身正面相對疊合，從袖下車縫至脇邊。

0.5

0.2　0.5

⑩下襬摺向背面車縫。

（凹）　（凸）

⑫縫上暗釦。

⑪車縫。

0.2

領子（正面）　⑭將領子接縫於衣身。

⑮將前襟縫在衣身上。0.2

⑬在左後側縫上鈕釦。

0.2

前襟（正面）

前裙片（正面）

後裙片（正面）

⑯穿上衣服。

109

Column 2 (middle):

②正面相對疊放前衣身，車縫固定。

前衣身（背面）
0.5

前裙片（正面）

③縫份倒向前衣身側。

前衣身（正面）

前裙片（正面）

⑤依②③縫合後衣身＆後裙片。

4cm
0.3

後裙片（正面）

④縮縫抽皺褶。

後衣身（背面）

⑥摺疊。

後裙片（背面）

1

⑦前衣身＆後衣身正面相對，縫合肩線並燙開縫份。

前衣身（背面）

袖子（背面）

0.5　0.5

後衣身（背面）

⑧正面相對疊上袖子車縫。

※另一側也縫合肩線並接縫袖子。

※另一片後裙片＆後衣身作法亦同。

Column 3 (right):

⑤墊放蕾絲，縫合固定。

④翻至正面進行十字繡（繡線2股・紅色）。
※參見P.55。

1

前襟（正面）

蕾絲（正面）

4. 製作領子

20cm
0.5

蕾絲（75cm）

①縮縫蕾絲，抽皺褶。

領子（背面）　返口2cm　0.5
1.3

②對摺車縫。

1

蕾絲（正面）　領子（正面）

③翻至正面，墊放蕾絲縫合。

5. 製作袖子

袖子（正面）　11cm
0.3

①縮縫上下邊，抽皺褶。

8cm

袖子（正面）

②車縫。

袖口（背面）

0.5

③在袖口包捲縫份車縫。

袖子（正面）

袖口（正面）

0.2　1

0.5　1

6. 製作＆接縫衣身

7cm
0.3

①縮縫抽皺褶。

前裙片（正面）

小香魚備用提袋

完成尺寸
寬26×長14×側身8cm
（提把28cm）

原寸紙型
B面

材料
表布（棉布）60cm×60cm／裡布（棉布）50cm×40cm
配布A（棉布）25cm×20cm／配布B（棉布）25cm×10cm
配布C（棉布）5cm×5cm／單膠鋪棉 45cm×45cm
雙膠接著襯 10cm×5cm／接著襯（參見P.49）25cm×15cm
不織布貼紙（黑色）直徑 0.7cm 1片／25號繡線（白色）
磁釦（手縫式）1cm 2組

⑩從切口翻至正面。

⑫翻至正面。
0.5 表C（正面）
裡C（背面）
返口
表C（正面）
⑪車縫。

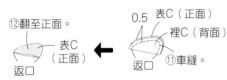
裡D（背面） 表D（正面）
0.5 ⑬車縫。
⑭於裡D剪切口，翻至正面。
於弧邊縫份剪牙口。

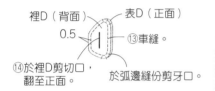
裡E（背面） 表E（正面）
※E也依⑬⑭製作。

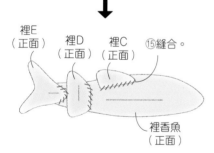
裡E（正面） 裡D（正面） 裡C（正面） ⑮縫合。
裡香魚（正面）

2. 製作口布

口布（背面） ①對摺。
1 ②車縫。 1

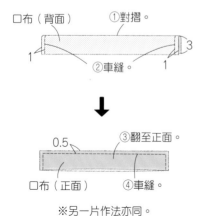
0.5 ③翻至正面。
口布（正面） ④車縫。
※另一片作法亦同。

---

1. 製作香魚

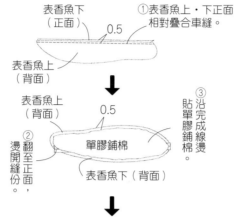
表香魚下（正面）
0.5
①表香魚上・下正面相對疊合車縫。
表香魚上（背面）
表香魚上（背面）
0.5
②翻至正面，燙開縫份。
③沿完成線燙貼單膠鋪棉燙
單膠鋪棉
表香魚下（背面）

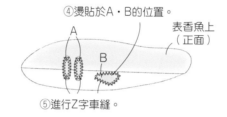
④燙貼於A・B的位置。
A
B
表香魚上（正面）
⑤進行Z字車縫。

在眼睛位置貼上不織布貼紙，
眼白為法國結粒繡（2股繡線・白色）。

⑥嘴巴是車縫壓線。
表香魚下（正面）

法國結粒繡

繞1至3次。
❶出 ❷入

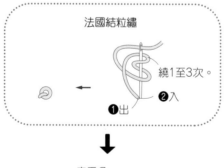
表香魚（正面）
⑦表・裡香魚正面相對重疊。
⑧車縫。
裡香魚（背面）
⑨將裡香魚剪切口。
0.5

※□布、提把與口袋無原寸紙型，請依標示尺寸（已含縫份）直接裁剪。
※ ▢ 需於背面燙貼接著襯。
▢ 需於背面沿完成線燙貼單膠鋪棉。

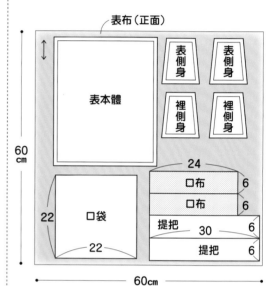
表布（正面）
表側身 表側身
表本體
裡側身 裡側身
24
口布 6
口布 6
22 口袋
提把 30 6
提把 6
60cm
60cm

※裡C・D・E將紙型翻面使用。

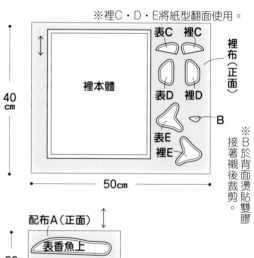
裡本體
表C 裡C
裡布（正面）
表D 裡D
B
表E
裡E
40cm
50cm
※B於背面燙貼雙膠接著襯後裁剪。

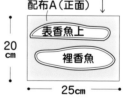
配布A（正面）
表香魚上
裡香魚
20cm
25cm

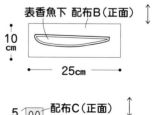
表香魚下 配布B（正面）
10cm
25cm

配布C（正面）
5cm
A
5cm
※於背面燙貼雙膠接著襯後裁剪。

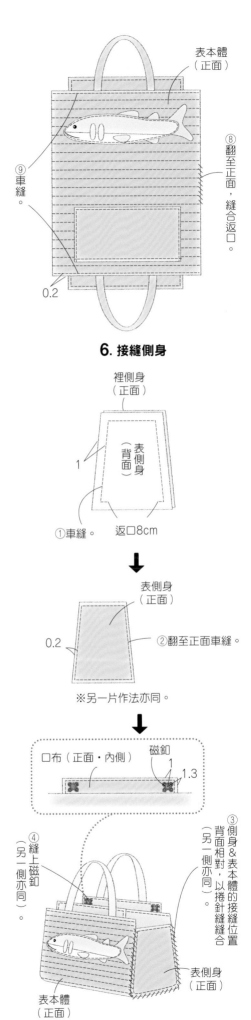

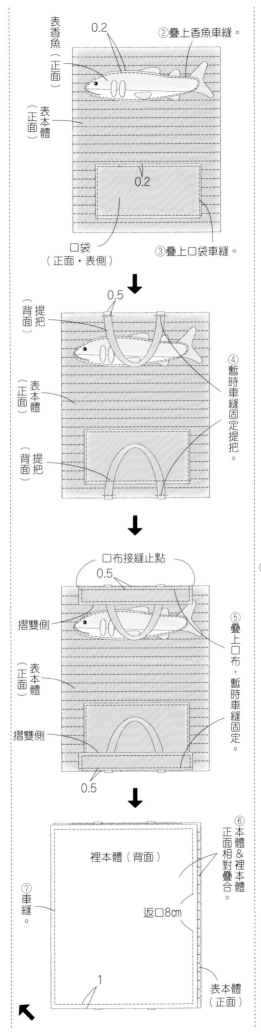

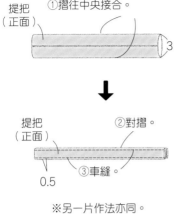

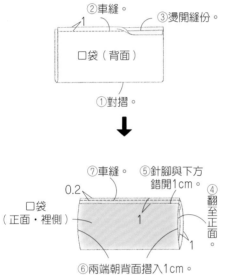

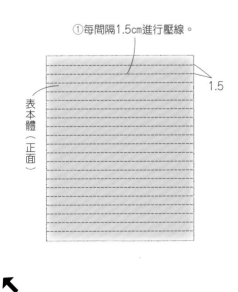

表本體（正面）

⑨車縫。

0.2

⑧翻至正面，縫合返口。

6. 接縫側身

裡側身（正面）

表側身背面

1

①車縫。

返口8cm

表側身（正面）

0.2

②翻至正面車縫。

※另一片作法亦同。

口布（正面・內側）　磁釦

1　1.3

④縫上磁釦（另一側亦同）。

③側身&表本體的接縫位置背面相對，以捲針縫縫合（另一側亦同）。

表側身（正面）

表本體（正面）

表香魚（正面）

0.2

②疊上香魚車縫。

表本體（正面）

0.2

口袋（正面・表側）

③疊上口袋車縫。

0.5

背提面把

表本體（正面）

背提面把

④暫時車縫固定提把。

口布接縫止點

0.5

摺雙側

表本體（正面）

摺雙側

0.5

⑤疊上口布，暫時車縫固定。

裡本體（背面）

⑦車縫。

返口8cm

表本體（正面）

⑥本體&裡本體正面相對疊合。

---

3. 製作提把

提把（正面）

①摺往中央接合。

3

提把（正面）

②對摺。

0.5

③車縫。

※另一片作法亦同。

4. 製作口袋

②車縫。　③燙開縫份。

1

口袋（背面）

①對摺。

⑦車縫。　⑤針腳與下方錯開1cm。

0.2

口袋（正面・裡側）

1

④翻至正面。

1

⑥兩端朝背面摺入1cm。

5. 製作本體

①每間隔1.5cm進行壓線。

表本體（正面）

1.5

完成尺寸	材料
總長：99cm 肩帶：77cm	表布（細亞麻布）120cm×160cm
原寸紙型	接著襯 90cm×40cm
D面	鈕釦 1.5cm 2顆

2. 製作＆縫上口袋

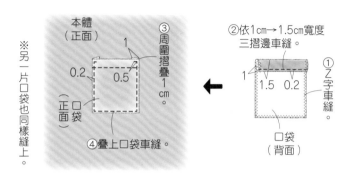

※另一片口袋也同樣縫上。

本體（正面）
③周圍摺疊1cm。

②依1cm→1.5cm寬度三摺邊車縫。

1
0.2
0.5

正口面袋（正面）

④疊上口袋車縫。

①乙字車縫。

1　1.5　0.2

口袋（背面）

3. 製作針褶並縫合兩側·下襬

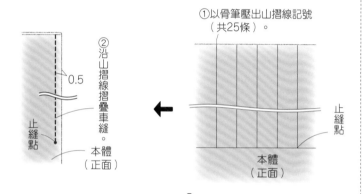

①以骨筆壓出山摺線記號（共25條）。

②沿山摺線摺疊車縫。

0.5

止縫點

本體（正面）

止縫點

本體（正面）

針褶倒向右邊。

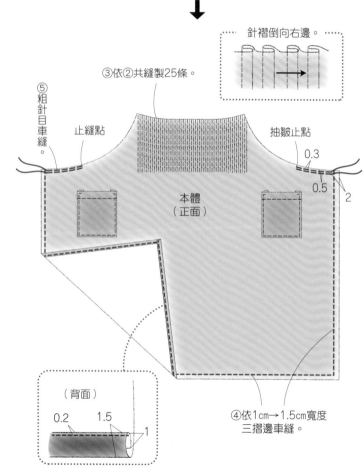

③依②共縫製25條。

⑤粗針目車縫。

止縫點

本體（正面）

抽皺止點

0.3
0.5
2

（背面）

0.2　1.5

1

④依1cm→1.5cm寬度三摺邊車縫。

裁布圖

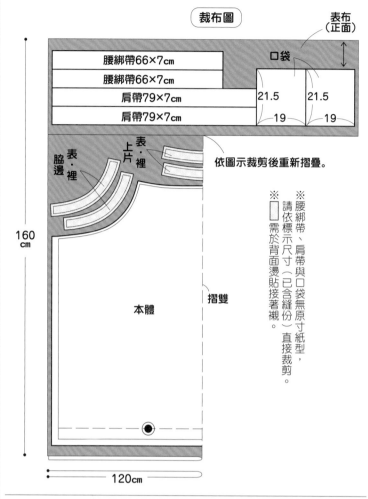

表布（正面）

腰綁帶66×7cm
腰綁帶66×7cm
肩帶79×7cm
肩帶79×7cm

口袋

21.5　21.5
19　19

160cm

表·裡　上片

脇邊　表·裡

依圖示裁剪後重新摺疊。

本體

摺雙

120cm

※腰綁帶、肩帶與口袋無原寸紙型，請依標示尺寸（已含縫份）直接裁剪。

※ □ 需於背面燙貼接著襯。

1. 製作腰綁帶·肩帶

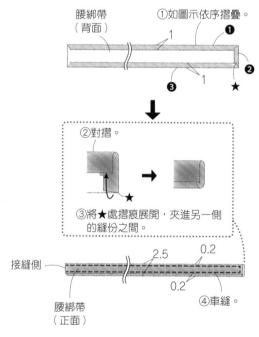

腰綁帶（背面）

①如圖示依序摺疊。

1　❶
❸　1　❷
★

②對摺。

③將★處摺痕展開，夾進另一側的縫份之間。

接縫側

2.5　0.2
0.2

腰綁帶（正面）

④車縫。

※另一條腰綁帶＆兩條肩帶作法亦同。

5. 接縫肩帶

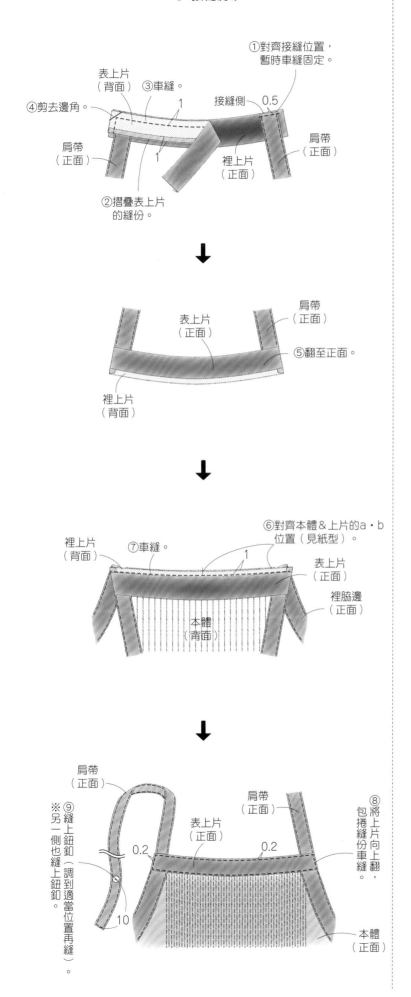

① 對齊接縫位置,暫時車縫固定。

表上片(背面)

③ 車縫。

④ 剪去邊角。

肩帶(正面)

接縫側

0.5

肩帶(正面)

裡上片(正面)

② 摺疊表上片的縫份。

1

1

表上片(正面)

肩帶(正面)

⑤ 翻至正面。

裡上片(背面)

裡上片(背面)

⑦ 車縫。

⑥ 對齊本體&上片的a·b位置(見紙型)。

1

表上片(正面)

裡脇邊(正面)

本體(背面)

肩帶(正面)

肩帶(正面)

表上片(正面)

⑧ 將上片向上翻,包捲縫份車縫。

※⑨ 另一側也縫上鈕釦(調到適當位置再縫)。

0.2

0.2

10

本體(正面)

4. 縫合脇邊

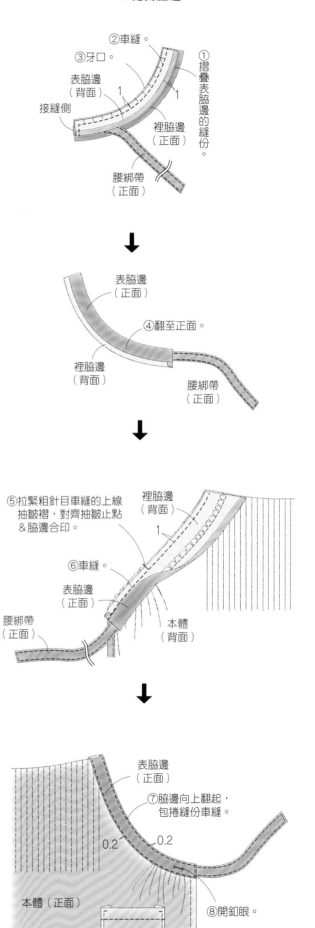

② 車縫。

③ 牙口。

表脇邊(背面)

接縫側

① 摺疊表脇邊的縫份。

1

1

裡脇邊(正面)

腰綁帶(正面)

表脇邊(正面)

④ 翻至正面。

裡脇邊(背面)

腰綁帶(正面)

⑤ 拉緊粗針目車縫的上線抽皺褶,對齊抽皺止點&脇邊合印。

裡脇邊(背面)

1

⑥ 車縫。

表脇邊(正面)

腰綁帶(正面)

本體(背面)

表脇邊(正面)

⑦ 脇邊向上翻起,包捲縫份車縫。

0.2

0.2

本體(正面)

⑧ 開釦眼。

※另一側作法亦同。

SEE YOU
NEXT
EDITION!

雅書堂　　　　搜尋

www.elegantbooks.com.tw

Cotton friend 手作誌
Summer Edition
2021　vol.53

國家圖書館出版品預行編目 (CIP) 資料

戀夏手作祭：清爽活力配色 × 外出家用都喜歡的大小布包
＆生活配件 /BOUTIQUE-SHA 授權；瞿中蓮，周欣芃譯.
-- 初版 . -- 新北市：雅書堂文化事業有限公司，2021.08
　面；　公分 . -- (Cotton friend 手作誌；53)
ISBN 978-986-302-594-8(平裝)

1. 縫紉 2. 手工藝

426.7　　　　　　　　　　　　　　　110011907

戀夏手作祭
清爽活力配色 × 外出家用都喜歡的大小布包＆生活配件

授權	BOUTIQUE-SHA
譯者	周欣芃 · 瞿中蓮
社長	詹慶和
執行編輯	陳姿伶
編輯	蔡毓玲·劉蕙寧·黃璟安
美術編輯	陳麗娜·周盈汝·韓欣恬
內頁排版	陳麗娜·造極彩色印刷
出版者	雅書堂文化事業有限公司
發行者	雅書堂文化事業有限公司
郵政劃撥帳號	18225950
郵政劃撥戶名	雅書堂文化事業有限公司
地址	新北市板橋區板新路 206 號 3 樓
網址	www.elegantbooks.com.tw
電子郵件	elegant.books@msa.hinet.net
電話	(02)8952-4078
傳真	(02)8952-4084

2021 年 8 月初版一刷　定價／ 380 元

經銷／易可數位行銷股份有限公司
地址／新北市新店區寶橋路 235 巷 6 弄 3 號 5 樓
電話／ (02)8911-0825
傳真／ (02)8911-0801

STAFF	日文原書製作團隊
編輯長	根本さやか
編輯	渡辺千帆里　川島順子
編輯協力	浅沼かおり
攝影	回里純子　腰塚良彦　藤田律子　白井由香里　島田佳奈
造型	西森 萌
妝髮	タニ ジュンコ
視覺＆排版	みうらしゅう子　牧 陽子　松木真由美
繪圖	爲季法子　三島恵子
	星野喜久代　並木 愛　中村有里
紙型製作	山科文子
校對	澤井清絵